AF472859

ÉTUDE ÉLÉMENTAIRE

SUR LA

LOCOMOTIVE

A L'USAGE

DES MÉCANICIENS & DES CHAUFFEURS

PAR

Hugues DAVIOT

INGÉNIEUR

ANCIEN ÉLÈVE DE L'ÉCOLE DES PONTS ET CHAUSSÉES

LICENCIÉ ÈS-SCIENCES

LIBRAIRIE-PAPETERIE

J. SERPUY

24 — Rue des Écoles — 24

PARIS

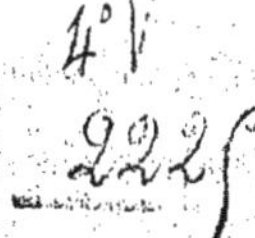

Note

Les personnes, qui désireraient compléter ces renseignements sur la locomotive, peuvent se reporter aux ouvrages que nous avons consultés.

Cours de l'Ecole des Mines par Mr. Couche ;

Traité pratique de l'entretien et de l'exploitation des Chemins de fer par Mr. Goschler ;

Cours de Machines à vapeur et de Chemins de fer par Mr. Debauwe ;

Cours de Machines à vapeur et de Chemins de fer de l'Ecole des Ponts et Chaussées ;

Traité pratique des Machines locomotives par Mr. Leroy ;

Revue générale des Chemins de fer.

Cette étude élémentaire sur la machine locomotive est essentiellement pratique ; elle s'adresse aux mécaniciens et aux chauffeurs qui n'ont pas les connaissances nécessaires pour consulter avec fruit les ouvrages qui traitent la question à un point de vue plus élevé.

Ayant appartenu comme chauffeur au service de la traction, nous avons pu nous rendre compte que le plus grand nombre des agents employés sur les machines éprouvaient de grandes difficultés pour subir les examens que les compagnies leur imposent.

Le temps dont ils disposent, en dehors de leur travail, étant très limité, ils ne peuvent guère consulter des ouvrages scientifiques renfermant beaucoup de questions qui leur sont étrangères ; aussi se renseignent-ils entre eux et arrivent-ils souvent à posséder des notions fausses sur bien des questions.

Nous ne voulons point passer en revue les différents types de machines employés, ni nous appesantir sur les détails technologiques de peu d'importance. Ce que nous dirons s'appliquera d'une façon générale à tous les types usités, abstraction faite des légères modifications que présentent les machines des diverses compagnies.

Si cette étude peut être d'une certaine utilité au personnel si intéressant des mécaniciens et des chauffeurs, nous aurons atteint le but que nous nous sommes proposé en l'écrivant.

H. D.

Historique de la Locomotive.

Il faut remonter jusqu'en 1767 pour trouver la première application de la vapeur à une machine devant se mouvoir elle-même sur une route : c'est un Français Joseph Cugnot, qui en fut l'inventeur.

En 1784, Watt et Boulton en Angleterre, Olivier Evans en Amérique, s'occupèrent de la question sans la faire progresser.

Un ingénieur Anglais Trewithick construisit en 1811 une machine locomotive devant circuler sur chemin à ornières ; mais l'essai ne donna pas de bons résultats.

Autog. C. Lavache & ses Fils, 11, rue Madame. — Imp. H. de Hamel, 68, rue des Sts Pères.

L'Ingénieur anglais Hedley, de 1813 à 1815, adopta une chaudière à retour de flammes ; il construisit une machine à deux cylindres verticaux ; le mouvement se transmettait aux roues au moyen de balanciers, bielles et engrenages.

En 1814, Georges Stephenson construisit une machine analogue à celle de Hedley ; la chaudière avait un seul bouilleur intérieur ; en 1815 il remplaça les engrenages par des manivelles fixées aux essieux.

Hackworth améliora en 1824 le type de la machine inventée par Stephenson ; dans cette machine modifiée, les deux cylindres verticaux se trouvaient placés du côté opposé au foyer et actionnaient l'essieu d'avant ; les trois essieux de la machine étaient reliés par des bielles d'accouplement.

Ce fut en 1827 que Marc Seguin inventa la chaudière tubulaire, c'est-à-dire qu'il substitua au bouilleur intérieur un grand nombre de tubes de petits diamètres et de faible épaisseur. Cette découverte permit à Georges Stephenson de construire la Fusée.

Cependant les résultats n'étaient pas en faveur de la locomotive et l'on était sur le point d'abandonner ce système lorsqu'un concours fut décidé.

Le constructeur de la machine, ayant satisfait aux conditions exigées, devait recevoir 13.750 francs.

Quatre machines prirent part au concours :

La Fusée construite par G. Stephenson
Sans-Pareil ——— " ——— P. Hackworth
Novelty ——— " ——— Braitwaite et Ericsson
Persévérance ——— " ——— Burstall

La Fusée gagna le prix.

Les principales dimensions de cette machine étaient :

Chaudière cylindrique tubulaire :
- Longueur 1m 829
- Diamètre 1m 016
- 25 tubes en cuivre de 0m 075 de diamètre chacun.

Surface :
- de grille 0m² 5574
- du foyer 1m² 85
- des tubes 10m² 94

Cylindres inclinés vers l'essieu moteur et placés à l'avant sur les flancs de la chaudière.

Cylindres { Diamètre $0^m,203$.
Course du piston $0^m,448$.

Roues motrices — Diamètre $1^m.435$.

Roues indépendantes — Diamètre $0^m.761$.

Poids de la machine en service 4 tonnes 5 quintaux.

— " — du tender 3 tonnes 4 quintaux et demi.

La machine devait traîner 9 tonnes 10 quintaux et demi.

Dans l'expérience la vitesse maxima atteignit 21,43 milles à l'heure (Le mille anglais vaut 1609 mètres).

L'avenir des chemins de fer était désormais assuré ; mais pour être juste, il faut partager la gloire de l'invention de la locomotive entre le Français Marc Séguin et l'Anglais Georges Stephenson.

Chapitre I.

Ce chapitre est consacré à des généralités et des définitions indispensables à l'étude pratique des machines à vapeur.

L'air, étant un corps pesant, exerce une pression sur tous les corps qui l'entourent ; au niveau de la mer cette pression est égale à $1^K,033$ par centimètre carré de surface ; dans la pratique on prend 1 Kilogramme.

Quand on dit qu'une chaudière renferme un gaz (air, vapeur, etc....) sous une pression de 1, 2, 3, 4...... atmosphères, cela veut dire que la pression exercée par le gaz sur chaque centimètre carré de la chaudière est de 1, 2, 3, 4.... kilogrammes.

Fig (B) A M B

Cette pression est toujours normale à la surface. Ainsi pour une surface plane la pression est dirigée suivant AB perpendiculaire au plan M fig. (B).

Fig (C) X X' X" O

Pour une surface cylindrique la pression est dirigée suivant OX, OX', OX"...... O étant le centre du cercle ; les chaudières sont en général dans ce cas, fig. (C).

Lorsqu'on chauffe un liquide, de l'eau par exemple, de manière à ce que la température augmente graduellement, ce liquide se transforme en un corps aériforme que l'on nomme vapeur.

Ce fluide peut être envisagé à deux points de vue bien différents suivant que la vapeur est ou n'est pas en contact avec le liquide générateur.

Si la vapeur se trouve dans un vase duquel tout le liquide a disparu, la vapeur est non saturée; elle suit la loi des gaz, c'est-à-dire que sa pression diminue, si le vase qui la contient augmente de volume, et réciproquement la pression augmente si le volume diminue, jusqu'au moment où elle devient égale au maximum correspondant à la température du vase considéré.

Au contraire, si la vapeur reste en contact avec le liquide, on dit que la vapeur est saturée; dans ce cas la pression dépend seulement de la température et la vapeur est dite au maximum de tension.

La connaissance exacte des tensions de vapeur correspondant à chaque température est d'une grande utilité au point de vue des machines à vapeur.

On appelle calorie la quantité de chaleur nécessaire pour élever de 0 à 1 degré la température de 1 Kilogramme d'eau.

Température centigade	Force élastique de la vapeur en atmosphère.	Quantité de chaleur exprimée en calorie, dépensée avec de l'eau à 0 degré pour produire 1 kilogramme de vapeur.
100	1.000	637.0
150	4.712	652.2
160	6.120	655.3
170	7.844	658.3
180	9.929	661.4
190	12.425	664.4

D'après ce tableau, on voit par exemple que pour une température de 180 degrés la force élastique de la vapeur est de 9 atmosphères, 929 et la quantité de chaleur dépensée avec de l'eau à 0 degré pour produire 1 Kilogramme de vapeur est 661 calories, 4.

Lorsqu'on introduit de l'eau froide dans une chaudière, il faut une certaine quantité de chaleur pour la vaporiser.

Cette quantité peut se diviser en deux parties; l'une sert à élever l'eau à la température à laquelle on veut produire la vapeur, c'est la chaleur latente, l'autre sert à transformer l'eau échauffée en vapeur.

Principe de la Machine à vapeur.

Fig. 1.

Toute machine à vapeur se compose de deux parties : 1° le générateur de vapeur, 2° l'organe moteur c'est-à-dire le mécanisme qui sert à utiliser la vapeur.

Considérons un générateur A fig (1) produisant de la vapeur et un cylindre H mis en communication avec lui au moyen du tuyau m R n. Supposons le piston mobile P au bas de sa course en a b et ouvrons le robinet R la vapeur se précipitera dans le cylindre et fera monter le piston ; donc avec la vapeur fournie par A nous pourrons obtenir un travail, puisque nous ferons déplacer le piston P.

Le type de la machine variera avec la disposition adoptée.

On dit qu'une machine est à simple effet lorsque la vapeur agit seulement sur une des faces du piston ; elle est à double effet quand la vapeur agit alternativement sur les deux faces du piston.

On nomme distribution le mécanisme qui permet d'introduire la vapeur dans le cylindre et de la faire sortir après qu'elle a travaillé.

Dans les locomotives la distribution se fait au moyen de tiroir.

Il est facile de se rendre compte du rôle du tiroir pour obtenir le mouvement de va et vient du piston dans le cylindre.

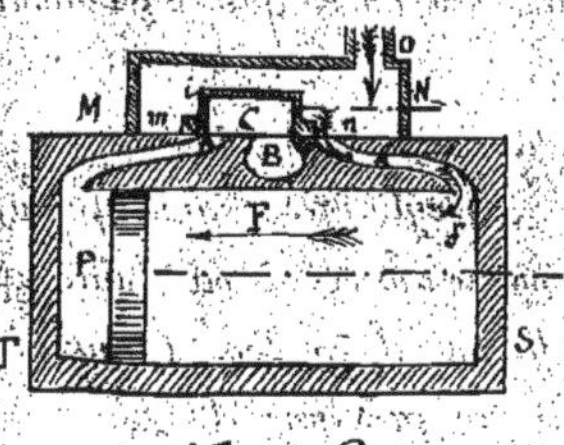

Fig. 2.

Examinons le chemin suivi par la vapeur.

A, A, lumière d'admission
B, lumière d'échappement
C, tiroir à coquille
m, n, glace (partie polie sur laquelle le tiroir glisse)
M, N, boîte à vapeur
O tuyau par où arrive la vapeur
T.S. cylindre.
P piston
i barrette ou bande du tiroir.

Dans la position que le tiroir occupe fig (2) le piston va se mouvoir dans le sens de la flèche F et la vapeur suivra le chemin indiqué par la flèche f.

Fig (3)

Fig (4)

Dans la fig. (3) le piston marchera dans le sens de la flèche F, c'est à dire dans le sens inverse du mouvement qu'il avait dans la figure précédente. La vapeur qui se trouve en M suivra le chemin indiqué par f et s'échappera par la lumière d'échappement B.

Dans la fig. (4) le tiroir se trouve dans sa position moyenne, c'est ce que l'on appelle mettre le tiroir au point mort. En examinant la fig (4) on voit que dans cette position il ne passe pas de vapeur par les lumières d'admission.

Si on laisse la vapeur agir pendant toute la course du piston la machine est sans détente ; dans ce cas la pression [illegible] à peu près la même dans la chaudière et dans le cylindre à condition que le tuyau qui amène la vapeur ne soit pas trop long et soit suffisamment garantie contre le refroidissement extérieur.

Si au contraire on interrompt l'admission de la vapeur lorsque le piston a parcouru une certaine fraction de sa course et qu'on laisse la vapeur agir par expansion, on dit que la machine est à détente.

La détente a pour avantage [illegible] de travail pour une même consommation de vapeur [illegible] une économie [illegible] considérable de chaleur. En second lieu elle a pour effet de diminuer considérablement la pression sur le piston au moment où il arrive en fond de course ; elle atténue [illegible] en grande partie [illegible] qui se produisent dans les machines sans détente.

Elle a pour inconvénients 1° d'amener un refroidissement des cylindres [illegible] produire une perte de chaleur [illegible] oblige à construire des cylindres beaucoup plus grands que ceux qu'exigerait une machine sans détente de même [illegible], d'où [illegible] augmentation de toutes les dimensions de la machine. Quoiqu'il en soit [illegible] la détente présente de grands avantages et est du reste à peu près générale.

La détente peut être faite [illegible].

Supposons le piston P fig (5) près d'arriver en A B extrémité de sa course [illegible] à ce moment on fait arriver un peu de vapeur dans l'espace [illegible] le choc [illegible]

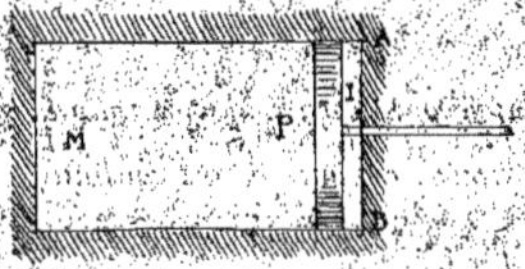

Fig. (5)

sera amorti par ce matelas de vapeur ; c'est grâce à l'avance à l'admission que l'on obtient ce résultat lequel se trouve encore augmenté par l'avance à l'échappement qui a pour but de faire sortir la vapeur du cylindre avant que le piston soit au fond de sa course ; ce qui facilite le mouvement en arrière.

Pour tirer le plus grand profit possible de la détente on augmente les bords intérieurs du tiroir. fig. (6).

a b / a' b { recouvrement extérieur — c d / c' d' } recouvrement intérieur

Fig. 6.

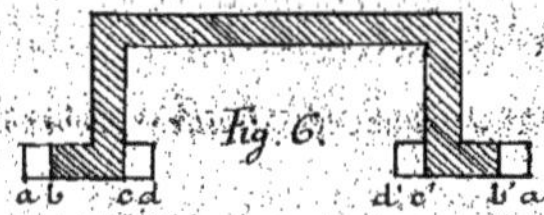

Le recouvrement extérieur et le recouvrement intérieur facilitent l'avance à l'admission et l'avance à l'échappement. Il faut, bien entendu, modifier l'angle de calage des excentriques pour se trouver dans les meilleures conditions possibles.

Il est utile d'être fixé sur la définition de l'excentrique circulaire et de l'angle de calage.

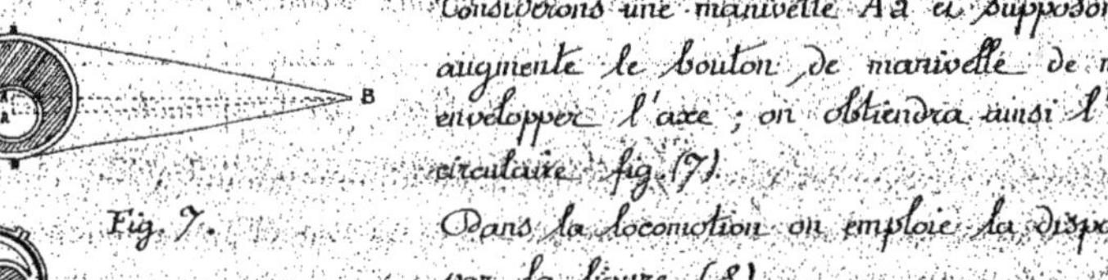

Fig. 7.

Considérons une manivelle Aa et supposons que l'on augmente le bouton de manivelle de manière à envelopper l'axe ; on obtiendra ainsi l'excentrique circulaire fig. (7).

Dans la locomotion on emploie la disposition indiquée par la figure (8).

Fig. 8.

Quand deux excentriques circulaires identiques sont montés sur le même essieu moteur et qu'ils se trouvent placés de telle façon que l'angle qu'ils forment entre eux diffère très peu de de deux angles droits, le petit angle, qui constitue cette différence, s'appelle angle de calage ou d'avance.

L'effort de traction d'une locomotive est égal à l'évaluation en poids de l'action que peut exercer cette machine en marche sur une voie supposée horizontale.

L'adhérence est la limite de l'effort de traction que la machine peut développer elle varie avec les saisons.

Pour bien comprendre la définition de l'adhérence, supposons qu'on fasse remorquer par une locomotive d'abord dix wagons, puis vingt, puis trente et que l'on continue à en ajouter jusqu'à ce que la machine patine, c'est-à-dire que les roues tournent sur place; à ce moment, on aura dépassé la limite de la puissance de traction de la machine, c'est-à-dire l'adhérence.

Si on appelle P le poids de la machine transmis par les roues, l'adhérence peut être représenté par fP.

Voici différentes valeurs de f

Temps sec $f = \frac{1}{7}$

Temps humide f varie de $\frac{1}{15}$ à $\frac{1}{6}$

Pluie f varie de $\frac{1}{11}$ à $\frac{1}{6}$

L'adhérence est surtout faible dans les souterrains et lorsque les feuilles couvrent la voie.

En mécanique l'unité de travail employé est le cheval-vapeur qui représente un travail de 75 Kilogrammètres par seconde; le kilogrammètre représentant le travail nécessaire pour élever un kilogramme à un mètre de hauteur. On peut dire approximativement qu'un cheval vapeur représente le travail fourni par trois chevaux ordinaires.

Notes. — La puissance nominale d'une machine s'obtient par la formule

$$T = \frac{PVS}{75} \text{ chevaux-vapeurs.}$$

T puissance nominale de la machine

V vitesse du piston par seconde,

S section du piston en centimètres carrés,

P pression moyenne en kilogrammes par centimètre carré.

La puissance réelle doit être sensiblement diminuée; elle dépend de la perfection du mécanisme et varie de 40 à 80 % de la puissance nominale.

Nous avons défini l'effort de traction d'une locomotive. On peut évaluer cette quantité par la formule.

$$E = \frac{Pd^2l}{D}$$

E effort de traction,

P pression absolue par mètre carré,

d diamètre des cylindres en mètres

Nous ne pouvons entrer dans le détail des formules qui conduisent à des résultats très importants au point de vue de la traction dans les chemins de fer ; nous nous contenterons de les énoncer.

Pour les machines à marchandises, on emploiera la vapeur à la plus haute pression possible, des cylindres de grand diamètre et de petites roues.

Pour les machines à grande vitesse, on doit avoir des cylindres de petit diamètre et de grandes roues.

Nous venons de voir ce qu'il faut entendre par adhérence ; examinons maintenant s'il est possible de l'augmenter sans changer le poids utile à remorquer. On arrive à ce résultat au moyen de l'accouplement qui consiste à rendre les roues motrices solidaires d'une partie ou de la totalité des roues porteuses ; l'accouplement se fait au moyen de bielles.

Pour les machines à grande vitesse, la force à développer est peu considérable, mais la vitesse est très grande ; par conséquent pas d'accouplement ou accouplement de deux paires de roues.

Pour les machines à marchandises, peu de vitesse, mais une force considérable à développer, donc accouplement complet.

Si l'accouplement a des avantages il a aussi des inconvénients qu'il est utile d'indiquer :

1°. Les roues qui sont accouplées doivent avoir le même diamètre.

2°. La liaison des roues peut avoir des conséquences fâcheuses pour le mécanisme surtout dans les courbes.

3°. Si les roues accouplées ne sont pas dans le même état d'usure, leurs diamètres

---

<u>Notes suite</u> – l course des pistons

D diamètre des roues de l'essieu moteur

Cette formule dans la pratique est modifiée par un coefficient et elle s'écrit :

$$E = 0,65 \frac{P d^2 l}{D}$$

La connaissance de cette formule permet de trouver la force en chevaux-vapeur d'une locomotive. Si on désigne par E l'effort de traction, V la vitesse de la machine en mètres par seconde ; sa force en chevaux-vapeur sera représentée par la formule

$$\frac{EV}{75}$$

au point de vue de la traction, l'évaluation de la force des locomotives en chevaux-vapeur n'a pas grande utilité.

étant inégaux, il y a une des roues qui glisse puisqu'ensemble elles doivent faire le même nombre de tours.

Combustibles.

Nous les diviserons en deux grandes classes : les combustibles végétaux et les combustibles minéraux.

Tous ces combustibles sont essentiellement composés de carbone, d'hydrogène, d'oxygène, d'azote et de matières terreuses qui fournissent les cendres.

Nous ne dirons que peu de mots des combustibles végétaux, car ils ne sont pas employés pour le chauffage des machines locomotives.

On distingue la tourbe et les lignites que Monsieur Grüner a divisés en quatre catégories : les bois fossiles, les lignites terreux, les lignites secs, les lignites gras.

Le plus important des combustibles minéraux est la houille ; aussi nous nous étendrons d'avantage sur ses propriétés.

La houille est composée de plantes et d'arbres ensevelis sur place. Voici l'explication que l'on peut donner de ce phénomène :

A l'époque où les forêts, qui ont formé la houille existaient, la croute de l'écorce terrestre était peu résistante et les plissements du sol étaient fréquents ; la forêt se trouvait alors ensevelie et une couche de terre la recouvrait, ce qui permettait à la végétation de reprendre son cours. La température élevée carbonisait toutes ces forêts, et la pression énorme des couches supérieures les comprimait en masses compactes qui constituent aujourd'hui la houille.

Dans les mines on emploie certains termes qu'il est utile de connaître.

La houille, au sortir du puits, non triée, se nomme tout-venant.

Les gros morceaux choisis se nomment gros péras ou roche.

Les morceaux de la grosseur du poing se désignent sous le nom de grêle ou gailleté.

Enfin les morceaux plus petits constituent le menu.

On distingue cinq espèces de houille dont les propriétés principales sont résumées dans le tableau suivant :

Désignation de la houille.	Aspect et caractères physiques	Manière de brûler.	Poids de l'hectolitre	Propriétés spéciales.
Houilles sèches à longues flammes.	Dures et compactes cassure unie.	Brûlent avec une flamme longue et enfumée.	70 Kilogrammes	Donnent beaucoup de gaz d'éclairage, mais de mauvaise qualité.
Houilles grasses à longues flammes.	Moins dures que les précédentes, cassure lamelleuse.	S'allument et brûlent rapidement.	70 à 75 Kilog.	S'emploient pour le gaz d'éclairage, de préférence à toutes les autres.
Houilles grasses proprement dites.	Couleur très noire, peu dure.	se ramollissent au feu et se gonflent.	75 à 80 Kilog.	Charbon de forge.
Houilles grasses à courtes flammes.	Couleur plus terne que les précédentes.	se consument lentement s'enflamment difficilement.	80 Kilogrammes	Chauffage des Machines.
Houilles maigres.	Noires et striées.	s'enflamment difficilement brûlent avec une flamme courte presque sans fumée, décrépitent au feu.	85 Kilogrammes	Peu employées.

A la suite de la houille on peut placer l'anthracite qui est un charbon minéral presque pur, noir ou gris. Il brûle difficilement, décrépite au feu et s'emploie peu pour les machines à vapeur. On a chauffé des locomotives avec de l'anthracite; le résultat n'a pas été heureux.

Pétrole.

Le pétrole se trouve surtout au Canada et en Pensylvanie.

En distillant le pétrole on en retire quatre produits principaux:

1°. l'essence de pétrole (très inflammable)

2°. l'huile d'éclairage

3°. l'huile jaune (employée pour le graissage)

4°. l'huile lourde.

L'huile lourde a été employée au chauffage des machines. Les résultats ont été satisfaisants; mais le prix du chauffage à la houille est moins élevé en Europe. En Amérique, où le pétrole est à très bas prix, on l'emploie beaucoup pour le chauffage des locomotives.

Coke.

Le coke s'obtient en cuisant la houille dans des fours spéciaux. L'opération dure de 24 à 36 heures.

Au sortir du four on jette de l'eau sur le coke incandescent; mais on doit le faire avec précaution, car si la quantité d'eau est trop considérable le coke en absorbe une partie et sa qualité se trouve altérée. On obtient aussi le coke comme résidu de la production du gaz d'éclairage.

Le coke est employé pour le chauffage des machines mais d'une façon très restreinte.

Agglomérés.

On désigne ainsi des briquettes cylindriques ou prismatiques dont le poids varie de 5 à 10 kilogrammes.

Les agglomérés, pour être de bonne qualité doivent être durs, sonores, homogènes. Ils doivent brûler avec une flamme claire sans se désagréger au feu, ne produire qu'une fumée légère et peu de cendres.

Tous les charbons ne conviennent pas pour fabriquer les agglomérés; on emploie les demi-gras ou un mélange intime de houille grasse et maigre. Tous les charbons employés doivent être triés et lavés avec soin.

Les ciments employés sont le brai gras et le brai sec.

Si on concentre le goudron de houille en le chauffant à 200° on obtient le brai gras ; si la concentration a lieu jusqu'à 300 degrés on a le brai sec.

Si on emploie le brai gras on en fait un mélange intime avec le charbon ; pour cette opération on se sert de broyeurs chauffés à la vapeur.

Si on emploie le brai sec, on broie d'abord séparément les deux substances et on les mélange ensuite.

Une fois le mélange opéré d'une façon très intime ; on fait passer la matière dans des moules que l'on soumet à une pression énergique.

Aujourd'hui on emploie des briquettes très-petites, ce qui permet de les introduire dans le foyer sans les casser. L'expérience montre que le feu est plus facile à conduire ; du reste un chauffeur intelligent cherche toujours à casser la briquette en morceaux aussi égaux que possible.

Sans entrer dans la théorie de la combustion, nous dirons que l'on obtient, comme produit :

1° de la vapeur d'eau

2° de l'oxyde de carbone lorsque la combustion est incomplète.

3° de l'acide carbonique lorsque la combustion est complète.

La formation de l'oxyde de carbone se reconnaît à une belle flamme bleue ; elle est due à l'insuffisance d'air et par suite d'oxygène et elle est le signe d'une combustion incomplète.

La fumée est composée de tous ces gaz ; sa couleur noire provient des particules de charbon qui s'y trouvent en suspension.

Eaux d'alimentation.

On peut classer les eaux en trois catégories :

Eaux calcaires,

Eaux séléniteuses,

Eaux acides.

Les eaux calcaires sont des eaux qui contiennent du carbonate de chaux ; on peut le faire disparaître en partie en chauffant légèrement l'eau.

Les eaux séléniteuses renferment du sulfate de chaux qui a la propriété de devenir insoluble à mesure que la température s'élève. On doit donc, autant que possible, éviter de les employer pour l'alimentation des chaudières.

Les eaux acides renferment du sulfate de protoxyde de fer ou d'alumine ; on peut les rendre propres à l'alimentation en y mêlant du lait de chaux.

Les dépôts et incrustations que les eaux forment dans l'intérieur des chaudières ont des inconvénients très graves et peuvent amener des explosions.

On emploie différents procédés pour empêcher la formation des dépôts, nous en parlerons très-brièvement.

Le plus souvent on purifie l'eau avant de la faire pénétrer dans le tender. On peut aussi introduire différentes substances dans la chaudière, par exemple du carbonate de soude pour les eaux contenant du carbonate ou du sulfate de chaux, du chlorure de Baryum pour celles dans lesquelles le sulfate de chaux domine.

Pour empêcher que les dépôts formés dans la chaudière ne durcissent, on peut se servir de pomme de terre rapée ou de la mélasse ou de la cassonade.

Des appareils spéciaux permettent aussi de réunir les dépôts provenant de l'eau d'alimentation sur certaines parties de la chaudière faciles à visiter.

Explosion des chaudières.

Sans entrer dans le détail des expériences qui ont été faites pour rechercher la cause de l'explosion des chaudières, nous dirons que pour les éviter on doit prendre les précautions suivantes:

1° Employer pour construire les chaudières des matières de très bonne qualité.

2° Faire nettoyer et visiter soigneusement et souvent les chaudières.

3° Exagérer la quantité d'eau qui doit couvrir les parties en contact avec la flamme pour que, même en cas de cessation d'alimentation, on reste un certain temps dans de bonnes conditions.

Nous citerons deux cas d'explosion que nous croyons utile de signaler. Nous les emprunterons à l'ouvrage de Monsieur Couche.

En 1865, en Amérique, une explosion se produisit dans les circonstances suivantes: un train venait de franchir une rampe; au sommet, le mécanicien ferma le régulateur, la chaudière éclata immédiatement. Cependant, au moment de la fermeture de l'admission de vapeur, la pression était de 9 Kilogrammes, le niveau de l'eau, très élevé et l'appareil d'alimentation en marche.

L'explosion fut attribuée à ce que le feu étant très vif, malgré l'alimentation la pression montait très rapidement; il est plus rationnel de supposer que la chaudière était en mauvais état ou que le mécanicien n'avait pas pris les précautions nécessaires.

En France une machine fit explosion à Moulins. L'enquête a démontré que le mécanicien avait calé les soupapes de sûreté.

Chapitre II.

La voie au point de vue de la Traction.

Une voie de fer se compose de deux files de rails parallèles reposant de distance en distance sur des pièces de bois nommées traverses. L'écartement des rails, mesuré à l'intérieur est de $1^{m}.44$. On emploie différents systèmes de rails, nous parlerons sommairement des plus usités.

B. A

Fig. 9

Le rail à double champignon, dont la disposition est indiquée par le croquis ci contre fig. (9). Le coussinet A est fixé à la traverse par deux chevilles a, b; le rail est placé dans le coussinet et se trouve retenu au moyen d'un coin de bois B. Pour réunir deux rails consécutifs, on emploie des éclisses. La fig. (10) donne en coupe et en élévation une des dispositions usitées.

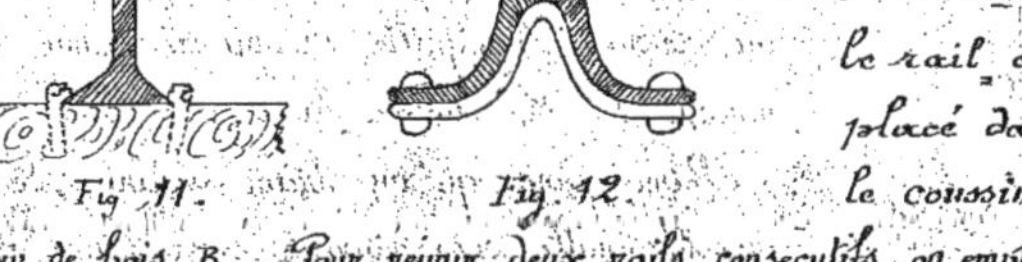

Fig. 10. Fig. 11. Fig. 12.

Rail Vignole. Dans ce système, le rail repose directement sur la traverse où il est fixé au moyen de crampons ou de tire fonds fig. (11). Ces deux systèmes sont les plus employés.

Nous allons indiquer, par des croquis, les différents systèmes de voies métalliques.

Fig. 13 Fig. 14.

En Angleterre et à la compagnie du midi en France, on a employé le rail Barlow fig. (12) sans beaucoup de succès; en Allemagne le rail Hartwich fig. (13) et le rail Hilf fig. (14).

Quant aux traverses métalliques on n'est encore arrivé aujourd'hui à aucun résultat satisfaisant.

Changement de voie.

L'appareil qui permet, à un train se trouvant sur la voie AB fig. (15), de suivre son chemin pour aller en M, ou bien de passer sur la voie BC pour aller en N, doit remplir la condition suivante: quelque soit le sens dans lequel le train se présentera il doit toujours avoir une voie ouverte devant lui, ou bien il doit pouvoir l'ouvrir lui-même.

Fig. 15. Fig. 16.

L'appareil, qui permet de résoudre la question, porte le nom d'aiguille a; a se nomme la pointe de l'aiguille, b, b le talon. Les pointes sont mobiles et exécutent leur mouvement autour des talons b, b; tout le reste des deux voies est fixe fig (16).

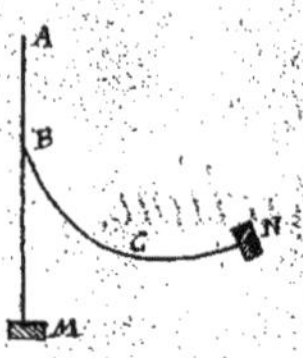

Le croquis suivant fig. (17) montre la disposition employée : AB, CD sont amincis à leurs extrémités B et D pour permettre le passage d'un rail à un autre sans secousse.

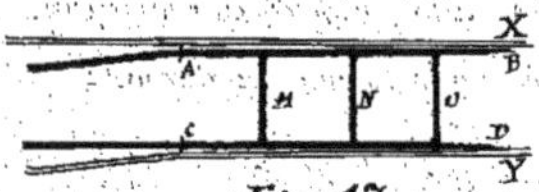

Fig. 17

Les branches AB et CD de l'aiguille sont reliées entre elles en M, N, O ; un système de levier permet de faire mouvoir le cadre ABCD de manière à amener l'une des branches en contact avec le rail X ou le rail Y.

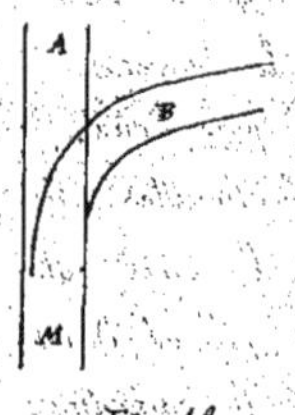

Fig. 18

Si l'aiguille est dans la position indiquée par la figure 18, un train venant de M suivra la voie de gauche, c'est-à-dire se dirigera vers A ; si au contraire l'aiguille est placée comme l'indique la figure 19, ce train venant de M suivra la voie de droite c'est-à-dire la voie B.

Remarquons qu'un train venant de M se dirigera vers A ou B, suivant que l'aiguille sera disposée pour l'une ou l'autre direction ; on dit dans ce cas que le train aborde l'aiguille par la pointe. Si au contraire le train vient de A ou de B pour s'engager sur la voie unique M il se présentera deux cas : l'aiguille est disposée pour la direction qu'il va suivre ou elle ne l'est pas. Dans le premier cas, pas de difficulté ; le train s'engage sur la voie M ; dans le second cas les roues feront elles-mêmes écarter la branche de l'aiguille en contact avec le rail et le train prendra encore la direction M ; c'est ce que l'on appelle prendre l'aiguille en talon.

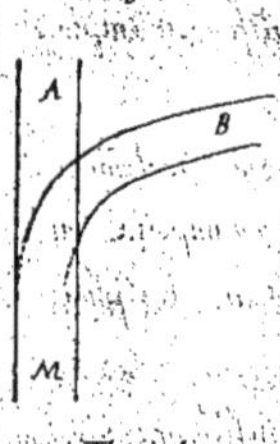

Fig. 19

Il résulte de ce que l'on vient de dire que le mécanicien doit marcher avec prudence lorsqu'il prend une aiguille en pointe et qu'il doit s'assurer que l'aiguille est bien faite pour la direction qu'il doit suivre tandis qu'il n'a pas à s'inquiéter pour les aiguilles prises en talon puisque la machine fait manœuvrer elle-même l'aiguille si elle ne se trouve pas dans la position voulue. L'entretien des aiguilles doit être fait avec un grand soin ; on évitera ainsi de nombreux accidents.

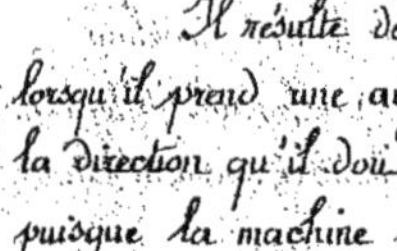

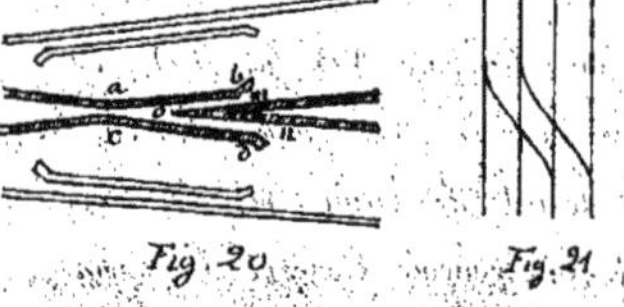

Fig. 20 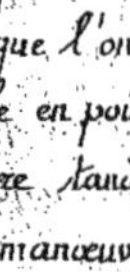 Fig. 21

Croisement. Dans un croisement, fig. (20) les rails ne peuvent pas être continus, il faut laisser un passage pour le mentonnet de la roue.

a b c d se nomment pattes de lièvre

m n o s'appelle pointe de cœur.

On a souvent besoin de réunir deux voies parallèles ; on y arrive au moyen d'une voie diagonale, fig. (21).

Système Saxby et Farner.

Aujourd'hui, dans les gares importantes, on emploie la disposition inventée par Messieurs Saxby et Farner qui permet de manœuvrer les aiguilles à une assez grande distance.

L'aiguilleur est placé dans une chambre où il a sous la main des leviers correspondant aux aiguilles et aux signaux. Un système d'enclanchement empêche de manœuvrer indistinctement tel ou tel levier, ainsi un signal ne peut être effacé qu'après que l'aiguille a été faite pour la direction voulue et que tous les signaux des voies qui se raccordent sur celle-ci ont été mis à l'arrêt.

Examinons maintenant quelle est la différence des efforts qu'il faut exercer pour remorquer une tonne soit sur une route, soit sur une voie de fer. Dans les deux cas la voie est supposée en bon état, en alignement droit et horizontal.

Sur une route, à la vitesse d'un mètre par seconde, un véhicule ordinaire exige un effort de 30 Kilogrammes par tonne ; sur une voie de fer, cet effort n'est que de 8 Kilogrammes par tonne, et la vitesse est quatre fois plus grande. En palier c'est la voie de fer qui a l'avantage ; il n'en est pas de même si la voie est en rampe. L'exemple suivant le montre.

Sur une route, l'effort de traction n'augmente que de $\frac{1}{10}$ pour une rampe de 3 millimètres par mètre, tandis que sur une voie ferrée, pour une même rampe l'effort de traction est doublé.

Dans les chemins de fer les rampes varient de 5 à 12 millimètres par mètre ; exceptionnellement elles atteignent 30 millimètres par mètre.

L'ensemble formé par un essieu et deux roues constitue un système à peu près rigide qui est relié à la machine ou aux wagons, de façon à permettre à l'essieu de tourner sans qu'un autre mouvement soit possible. On peut dire que deux essieux placés sous un véhicule, constituent un système parallèle et invariable. Pour que la roue ne quitte pas le rail on a donné au bandage la forme ci-contre. M est appelé le mentonnet fig. (22). D'après ce que l'on vient de dire on conçoit facilement qu'il faut donner un écartement suffisant à la voie pour que les roues puissent circuler sans frottement dur contre le rail ; de plus, sans cette précaution le passage dans les courbes serait impossible.

Fig. 22.

La différence entre l'écartement rigoureux et l'écartement adopté constitue le jeu de la voie. En général on prend $0^m,03$.

Cherchons maintenant qu'elle est l'influence du matériel sur le rayon des courbes à adopter. Avec un matériel à roues rapprochées on peut circuler sur des courbes de rayon relativement faible ; mais si le matériel admet un plus grand écartement des essieux, les courbes demandent de plus grands rayons ; cependant, en augmentant le jeu de la voie, on peut compenser cet effet.

En pratique, on admet la règle suivante : au-dessus de 500 mètres pas de surécartement, au-dessous de 500 mètres surécartement de $0^m,01$, on modifie cette quantité ; dès qu'elle dépasse un centimètre et demi.

Devers de la voie et conicité des bandages.

Supposons un train en marche sur une voie en ligne droite, le rail vertical et le bandage de la roue cylindrique ; La voie ayant le jeu prescrit, le moindre obstacle sur le rail amènera les mentonnets des roues tantôt en contact avec un rail, tantôt avec l'autre ; il en résulte un mouvement particulier très désagréable pour les voyageurs. Si au contraire, on place les rails dans une position légèrement inclinée vers l'axe de la voie et que le bandage soit légèrement conique, le véhicule tendra à occuper une position moyenne et y sera ramené dès qu'il s'en écartera.

Dans les courbes le mentonnet de la roue, qui parcourt le rail extérieur, c'est-à-dire le chemin le plus grand, frotte contre ce rail ; il en résulte, à cause de la conicité du bandage, une augmentation de diamètre pour la circonférence de roulement de cette roue, ce qui compense un peu l'inégalité des chemins parcourus par les deux roues qui sont solidaires (fig. 22). Dans les courbes la force centrifuge a pour les trains à grande vitesse une influence assez grande, puisqu'elle est proportionnelle au carré de la vitesse. Il en résulterait, pour les voyageurs, une tendance à être jetés violemment du côté du grand rayon de la courbe ; de plus le rail et les bandages seraient rapidement hors de service. On a donc cherché à atténuer l'effet de la force centrifuge en employant la conicité des bandages qui fait prendre au véhicule une position légèrement inclinée vers le petit rayon de la courbe et en surhaussant le rail extérieur, ce qui a pour effet d'augmenter l'inclinaison du véhicule du côté du petit rayon ; dans cette position la composante du poids du véhicule détruit tout ou partie de l'effet de la force centrifuge. Remarquons que le surhaussement du rail est fixe, tandis que la force centrifuge est variable avec la vitesse.

Le surhaussement se calcule en général pour la plus grande vitesse des trains et même pour des vitesses supérieures.

Sans entrer dans le détail du calcul, nous dirons que la résistance d'un train au mouvement dépend :

1°. de la résistance due au frottement des fusées.

2°. de la résistance due au roulement des roues sur le rail.

3°. de la résistance de l'air.

4°. de la résistance due aux rampes et aux courbes.

5°. de la résistance due à différentes causes telles que : petits corps sur le rail, frottements dus au mouvement du train, défaut de rail, etc.

Toutes ces résistances peuvent se résumer dans la formule suivante :

$$R = 2.72 + 0,094\,V + \frac{0,00484\,SV^2}{P}$$

P poids total du train exprimé en tonnes.

S surface de front du train ; on prend en général $S = 5^{mq}$

V vitesse du train exprimée en kilomètres à l'heure.

R résistance au mouvement exprimée en kilogrammes.

Cette formule est due à l'ingénieur anglais Harding, elle n'est pas exacte pour les faibles vitesses.

Les Ingénieurs de la Compagnie de l'Est ont donné des formules s'appliquant à tous les cas.

Au dessous de 32 Kilomètres $R = 1,65 + 0,05\,V$ (Graissage à l'huile)

de 32 à 50 Kilomètres $R = 1,80 + 0,08\,V + \frac{0,009\,SV^2}{P}$

de 50 à 65 Kilomètres $R = 1,80 + 0,08\,V + \frac{0,006\,SV^2}{P}$

Au dessus de 65 Kilomètres $R = 1,80 + 0,14\,V + \frac{0,004\,SV^2}{P}$

Ces formules donnent la résistance du train au mouvement pour les wagons.

Pour la machine on conçoit que les résistances sont plus considérables, aussi par tonnes du poids de la machine on ajoute, en plus de la résistance ordinaire 8 Kilogrammes pour les machines à voyageurs et 12 Kilogrammes pour les machines à marchandises.

Ajoutons, pour compléter ces renseignements que si la voie est en alignement droit mais pas horizontal, on devra ajouter un kilogramme à chaque tonne par millimètre de pente.

Si la voie est en courbe on ajoutera par tonne :

2 Kilogrammes dans les courbes de 500 mètres.

3 ——————— 400 mètres.

4 ——————— 300 mètres.

Nous allons appliquer la formule de Harding à un train de voyageurs ; nous admettrons d'abord que la voie est horizontale et en alignement droit.

Supposons que la vitesse d'un train soit de 70 kilomètres à l'heure et que la charge remorquée soit 80 tonnes (8 voitures) ; que le poids de la machine soit de 45 tonnes et que le tender pèse 20 tonnes.

Appliquons la formule de Harding

$$R = 2.72 + 0,094\,V + \frac{0,00484\,SV^2}{P}$$

En remplaçant les lettres par les valeurs tirées de l'exemple que nous avons choisi, on a :

$V = 70$, $V^2 = 70 \times 70 = 4900$

$S = 5$

$P = 80 + 45 + 20 = 145$

Il vient :

$$R = 2.72 + 0,094 \times 70 + \frac{0,00484 \times 5 \times 4900}{145}$$

En effectuant on trouve :

$R = 10$ kilogrammes, 15 par tonne

Pour 145 tonnes la résistance est

$10,15 \times 145 = 1471,75$

La résistance relative à la machine est $45 \times 8 = 360$; donc la résistance totale au mouvement est $1471 + 360 = 1831$ Kilogrammes.

Supposons que le train conserve sa vitesse dans les rampes et les courbes, et qu'il franchisse une rampe de 4 millimètres par mètre et une courbe de 500 mètres de rayon.

Il faut ajouter par tonne du train 4 kilogrammes pour la rampe et deux kilogrammes pour la courbe et on on a $(4+2) \times 145 = 6 \times 145 = 870$. La résistance totale est de $1831 + 870 = 2701$ kilogrammes.

Il est évident que l'on calculerait d'une façon analogue la résistance au mouvement des trains de marchandises.

Fig. 23.

Examinons maintenant comment on peut régler suivant la vitesse, la charge des trains.

Nous emprunterons au cours de Monsieur Sévenne ce qui suit :

« Considérons une section de chemin de fer dont le profil est le suivant (fig. 23).

« Supposons qu'on fasse circuler, sur cette section, un train de voyageurs express, marchant à 60 kilomètres à l'heure soit 16m 66 par seconde.

« Quelle pourra être la charge de ce train si au lieu d'être relevée par une rampe, la ligne à parcourir était horizontale sur toute sa longueur ?

« La charge se calculerait immédiatement : la vitesse étant de 16m 66 et la puissance « de sa machine étant de 26.000 kilogrammètres (350 chevaux). L'effort de traction qu'elle « produit à cette vitesse est de $\frac{26.000}{16.66} = 1560$ kilogrammes.

« De cet effort il faut déduire les résistances passives du mécanisme de la machine « à raison de 8 kilogrammes par tonne de son poids $33 \times 8 = 264$ reste pour la résistance « du train proprement dite $1560 - 264 = 1296$ kilogrammes.

« La résistance d'un train à la vitesse de 60 kilomètres d'après la formule d'Harding « est de 9 kilogrammes 20 par tonne ; le nombre de tonnes du train pourra donc s'élever à « $\frac{1296}{9.20} = 140$ tonnes.

« Le poids mort est $\left\{ \begin{array}{l} \text{Poids de la machine } 33^{T} \\ \text{Poids du tender } 16^{T} \end{array} \right\}$ 49 tonnes

« Reste pour le poids utile $140 - 49 = 91$ tonnes.

« Voilà ce que traînerait la machine comme poids total et comme poids utile sur un « palier continu. Mais le tracé que nous considérons n'est pas un palier d'un bout à l'autre ; « la seconde moitié présente une rampe de 5 millimètres.

« Si l'on voulait s'astreindre à ce que la vitesse de marche du train conservât, « malgré la rampe, son uniformité, la modification à faire dans le calcul qui précède serait « bien simple ; il n'y aurait qu'à ajouter, à la résistance de 9 kilogrammes 20 qui produit le « mouvement à la vitesse de 60 kilomètres, celle de 5 kilogrammes que produit la gravité. « La charge totale au lieu d'être $\frac{1296}{9.20}$ serait $\frac{1296}{9.20+5} = \frac{1296}{14.20} = 91$ tonnes. Comme la « charge morte reste la même, c'est-à-dire 49 tonnes, la charge utile se réduirait à 42 « tonnes, c'est-à-dire 91-49. »

On voit que, si on voulait conserver une vitesse constante en rampes et en paliers, la charge utile diminuerait considérablement. En effet, dans l'exemple précédent, la vitesse étant de 60 kilomètres à l'heure la charge à remorquer varie de 91 tonnes si la voie est en palier, à 42 tonnes, si elle est en rampe de 5 millimètres. La conclusion est facile à tirer c'est qu'il faut augmenter la vitesse sur les paliers et la diminuer sur les rampes pour utiliser les machines dans les meilleures conditions possibles au point de vue de la traction.

Pour terminer nous dirons que le vent a une grande influence sur la vitesse des trains, surtout lorsqu'il exerce son action normalement à la surface de front. On cite des trains qui ont été arrêtés par des vents violents. D'après Mr Couche un vent debout, animé d'une vitesse de 80 kilomètres à l'heure opposerait à un train composé de 10 wagons (71 tonnes) et marchant à la même vitesse, une résistance égale à 7 fois les résistances fixes.

Chapitre III.

Chaudière.

Au point de vue de la résistance intérieure, la forme cylindrique est la plus convenable, c'est pourquoi on donne cette forme aux chaudières.

Pour une chaudière quelconque l'épaisseur peut être calculée par la formule

$$e = \frac{pd}{2R}$$

e épaisseur de la tôle.

p pression intérieure.

d diamètre de la chaudière.

R effort de traction rapporté à l'unité de surface.

Examinons quelle est la valeur que l'on peut donner à R.

Le fer de bonne qualité se rompt sous un effort de 35 kilogrammes par millimètre carré; dans la pratique on ne prend que 5 kilogrammes c'est-à-dire le septième. De plus les tôles sont réunies par des rivets dont il faut tenir compte. La valeur de R deviendra donc $R = 0,55 \times 5 = 2^{\text{Kilog}},75$ par millimètre carré.

La formule précédente devient donc :

$$e = 0,0018\ p \times d$$

Dans ce cas e et d sont exprimés en centimètres et la pression P en kilogrammes. Si on tient compte de l'effet de la rouille, il faut ajouter 3 millimètres à la valeur de e et l'on a ainsi la formule de l'ordonnance du 22 mai 1843 :

$$e = 0,0018\ p \times d + 0\,3$$

Pour les locomotives la formule devient

$$e = 0,0012\ p \times d\ 0,2$$

car dans ces machines la tôle n'étant pas exposée au feu, on a pu diminuer l'épaisseur.

Aujourd'hui les constructeurs ne sont pas soumis à ces formules; ils peuvent agir comme ils le veulent au point de vue de l'épaisseur à donner aux chaudières.

Le tableau suivant donne quelques épaisseurs de tôle correspondant à des chaudières de diamètre donné et de pressions variant entre 7 et 8 atmosphères.

Diamètre des Chaudières	Pressions	
	7 atmosphères	8 atmosphères
	Épaisseur en millimètres	
0.m 50	8.40	9.30
0.m 70	10.56	11.82
1.m 00	13.80	15.60

On fait les chaudières en tôles de fer ou en tôles d'acier.

Épreuve des chaudières.

D'après le décret du 25 Juin 1865, toutes les chaudières, sans exception, doivent être éprouvées par une pression hydraulique. La pression est mesurée par un manomètre métallique gradué aussi par pression à froid.

« L'épreuve consiste à soumettre la chaudière à une pression effective double de « celle qui ne doit pas être dépassée dans le service, toutes les fois que celle ci est comprise « entre 1/2 kilogramme et 6 kilogrammes par centimètre carré inclusivement. La surcharge « d'épreuve est constante et égale à 1/2 kilogramme par centimètre carré pour les pressions « inférieures et à 6 kilogrammes par centimètre carré par les pressions supérieures aux « limites ci dessus. »

En général, dans les ateliers, on fait non seulement l'essai à la presse hydraulique mais encore l'essai à chaud, cette dernière épreuve a surtout pour but de s'assurer qu'il n'y a pas de fuites dans les joints.

Les générateurs de vapeur employés dans les machines locomotives sont des chaudières tubulaires.

Dans ces chaudières la surface de chauffe se compose de deux parties:

1°. celle du foyer ou surface de chauffe directe.

2°. celle des tubes, ou surface de chauffe indirecte. La réunion de ces deux quantités forme la surface de chauffe totale. La longueur des tubes ne doit pas être trop considérable, car le but pour lequel ils ont été établis ne serait pas atteint.

Toute chaudière de locomotive se compose de trois parties : la boîte à feu, le corps cylindrique et la boîte à fumée.

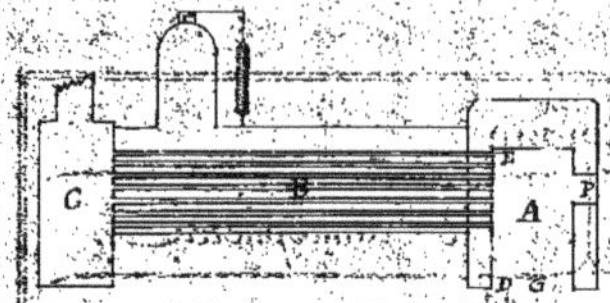

A Boîte à feu.
B Corps cylindrique
C Boîte à fumée

Fig. 24.

Boîte à feu.

La boîte à feu avait à l'origine la forme rectangulaire ; aujourd'hui on renfle la partie supérieure. Elle se compose du foyer suspendu dans l'intérieur, d'une porte P par où on introduit le combustible ; d'une partie ouverte G ou l'on place la grille (fig. 24)

Foyer.

On avait essayé de faire les foyers en fer ; mais on dut y renoncer car ils ne résistaient pas, on les fait aujourd'hui exclusivement en cuivre rouge.

La face E D se nomme plaque tubulaire ; elle est percée de trous par où passent les tubes à fumée et qui sont généralement disposés en quinconce. La partie G est munie d'une grille dont l'inclinaison varie avec la disposition employée.

Le foyer est maintenu à l'intérieur de la boîte à feu par différents procédés que nous allons examiner.

Les faces verticales du foyer sont réunies à la boîte à feu au moyen d'entretoises en cuivre rouge, filetées et rivées. Ces entretoises sont percées suivant leur axe, d'un trou comme l'indique la figure 25.

Fig. 25.

La partie M qui se trouve sur la face opposée au foyer, est bouchée par un petit tampon en fer ; dès qu'une entretoise se brise, un jet d'eau chaude jaillit dans le foyer et prévient ainsi le mécanicien de l'avarie. Les trous a b, a' b' doivent être nettoyés soigneusement car ils sont sujets à se boucher fréquemment.

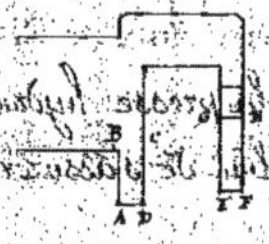

Dans une boîte à feu bien construite (fig. 26) les espaces A B C D, E F G H doivent être suffisants pour permettre un nettoyage facile.

Fig. 26.

Ciel du foyer.

Le ciel du foyer est soumis, dans les locomotives, à des pressions énormes. Ainsi dans une machine à grande vitesse dont le ciel de foyer a 1 m² 34 de surface, timbre 9 atmosphères, la pression supportée par le ciel du foyer est de 120.000 kilogrammes. (Cie d'Orléans).

Les croquis ci-joints montrent quelques unes des dispositions employées.

Le ciel du foyer des machines à grande vitesse de la compagnie P.L.M. (série 311 à 400) est suspendu au moyen de tirants en acier percés dans toute leur longueur

Fig. 27.

comme les entretoises. Comme on ne peut les river, ils sont maintenus extérieurement par des écrous A, A' reposant sur des rondelles minces en cuivre rouge ; ils sont bouchés à la partie supérieure par de petites tiges cylindro-coniques également en cuivre rouge (fig. 27).

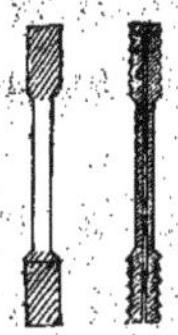

Ces tirants en acier ont la forme suivante (fig. 28).

Fig. 28

Le ciel de foyer des machines 2.000 (compagnie P.L.M) est suspendu au moyen de quatorze ou seize fermes en tôle accouplées deux par deux et placées dans le sens de la longueur. Il n'est pas relié directement à la boîte à feu en tôle comme celui des machines 111 à 400. Les tôles de ferme affectent la forme indiquée sur le croquis (fig. 29) ; elles reposent sur des talons en laiton qui épousent la forme des bords du ciel de foyer. Le ciel est suspendu à des boulons qui appuient sur des platines réunissant les fermes deux à deux.

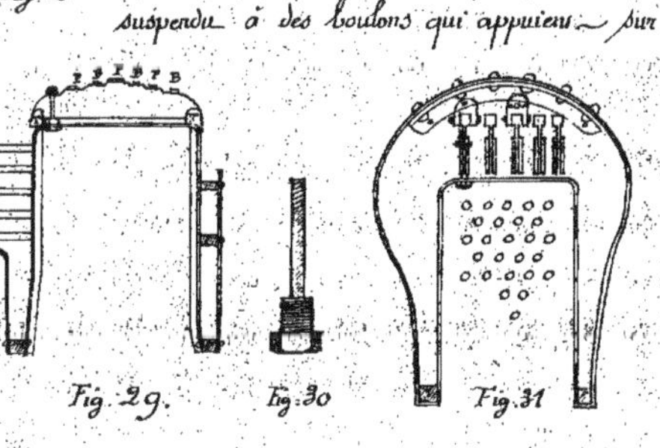

Fig. 29. Fig. 30 Fig. 31

Ces boulons sont renflés près de la tête et portent un deuxième taraudage qui se visse dans le ciel du foyer. Il ne sont pas percés (fig. 30). Les quatorze fermes sont réunies dans le sens de leur largeur par deux bandelettes B, trois fers à T cintrés sont rivés au ciel de boîte à feu et servent au moyen de tirants à soutenir les fermes. Les rangs de fermes sont au nombre de sept.

Grilles.

Un foyer est à combustion lente lorsqu'il brûle par heure et par mètre carré de grille de 15 à 30 kilogrammes de charbon ; il est à combustion rapide quand il consomme de 40 à 200 kilogrammes de combustible et au-delà dans les mêmes conditions.

Quand on veut déterminer les dimensions d'un foyer il faut les rapporter à la surface de grille.

Une grille se compose de barreaux placés à côté les uns des autres ; l'espacement doit être tel que le combustible ne tombe pas et que l'air utile à la combustion pénètre dans le foyer en quantité suffisante. Dans les locomotives l'expérience a montré que la surface totale d'une grille doit être deux fois environ celle des vides. La longueur de la grille ne doit pas être exagérée pour permettre au chauffeur de conduire convenablement le feu. Pour les locomotives on se sert généralement de barreaux en fer laminé ; à la Compagnie d'Orléans pour obtenir l'écartement nécessaire on emploie une tête de rivet.

Type des barreaux P.L.M fig. 32.

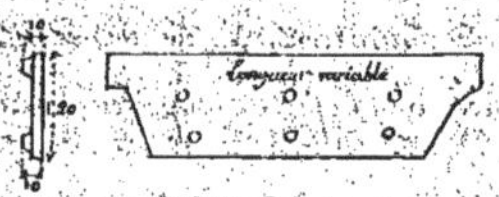

Fig. 32.

Les grilles des locomotives doivent permettre au mécanicien de jeter le feu lorsqu'il le juge nécessaire. On les divise en deux classes : les unes, d'une seule pièce, peuvent se déplacer pour faire sortir le combustible du foyer ; dans ce cas elles doivent être peu considérables comme surface ; les autres sont en deux parties, l'une fixe qui est la plus grande, l'autre mobile qui permet de jeter le feu.

Cendrier. – Le cendrier sert à recevoir les résidus de la combustion ; il doit avoir une profondeur suffisante pour que les cendres qui s'y déposent ne gênent pas l'entrée de l'air dans le foyer. Comme type de cendrier nous citerons un cendrier employé à la Compagnie P L M. Dans ce type l'avant et l'arrière du cendrier sont munis de portes mobiles. Le mécanicien manœuvre ces portes soit pour régler le tirage, soit pour faire piquer le feu. En temps de neige on peut démonter les cendriers.

Quand on brûle, comme combustible, du tout venant ou même du menu pour avoir une combustion suffisante, il faut que le foyer remplisse les conditions suivantes.

1° Épaisseur légère de combustible sur la grille.

2° Grande surface de grille obtenue par la longueur du foyer puisque la largeur est limitée.

3° Barreaux très peu larges et très nombreux de manière à avoir beaucoup de vide.

4° Grande porte descendant presque au niveau de la grille pour permettre au chauffeur de bien conduire le feu.

Monsieur Belpaire, en se basant sur ces données, a obtenu de très bons résultats avec le foyer de son invention.

Foyer Tenbrinck.

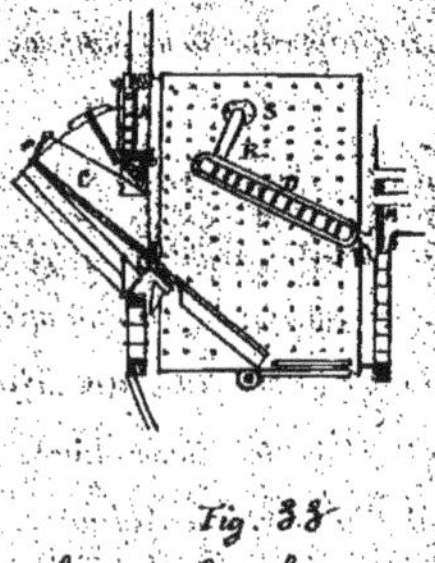

Ce foyer est employé à la Compagnie d'Orléans.

Principe. Ce foyer est disposé de telle sorte que les gaz de la combustion y subissent un brassage qui permet de les brûler à peu près complètement.

A porte ordinaire ne servant pas pour charger le feu mais pour la visite des tubes et du foyer.

b palette servant à introduire de l'air dans le foyer.

Fig. 33

C trémie inclinée par où le chauffeur introduit le combustible en soulevant le clapet m.

D bouilleur qui est incliné de manière à ce que le point H soit voisin du point M

R S. H1 cuissard permettant à l'eau de la chaudière de circuler dans le bouilleur.

Avantages du foyer Tenbrinck.

On n'ouvre pas la porte pour charger le feu par conséquent pas de refroidissement. On peut régler l'arrivée de l'air dans le foyer suivant les besoins.

Une disposition spéciale permet au mécanicien de faire piquer le feu en marche grâce à la forte inclinaison de la grille fixe.

Monsieur Palazot empêche les gaz de la combustion de se refroidir rapidement en revêtant en partie de briques réfractaires les parois du foyer.

Système Jenkins — Dans ce système, des trous que l'on peut fermer à volonté sont percés dans les parois de la boîte à feu. Une pièce spéciale placée dans le foyer complète la disposition.

Dans le système Lees le brassage des gaz est obtenu par une voûte en briques réfractaires placée à l'avant du foyer. Une disposition spéciale de la porte permet l'introduction de l'air.

Les croquis suivants montrent les dispositions adoptées.

Fig. 34. Système Jenkins. A B pièce de fonte placée dans le foyer pour opérer le brassage des gaz. 1, 2, 3, ouvertures dans la boîte à feu; ces trous sont au nombre de 27. 4, trou sur la partie arrière de la boîte à feu; ces trous sont au nombre de 8.

m pièce servant à diriger l'introduction de l'air dans le foyer (fig. 34).

C voûte en briques réfractaires servant au brassage des gaz.

N N' supports en cuivre rouge percés de trous communiquant avec l'eau de la chaudière.

B porte servant à régler l'entrée de l'air.

A pièce en fonte servant au brassage des gaz (fig. 35).

Fig. 35. Système Lees.

Outre ces foyers qui brûlent en partie les gaz de la combustion, on emploie, pour brûler la fumée sur les locomotives, deux appareils : le souffleur et le fumivore Thierry. Le premier de ces appareils sera décrit plus loin, occupons-nous du second.

Fumivore Thierry.

Pour brûler la fumée on peut faire le mélange des gaz dans les parties les plus chaudes du foyer au moyen d'un jet de vapeur; le fumivore Thierry est basé sur ce principe.

Cet appareil se compose d'un tube dont l'une des extrémités est en communication avec la vapeur de la chaudière et l'autre est terminée par un tube en fer percé de trous (fig. 36).

Dès qu'un train arrive en gare le mécanicien ouvre le robinet R pour mettre en marche le fumivore ; il a d'abord ouvert le souffleur et peut même entrouvrir la porte du foyer s'il le juge nécessaire.

L'appareil Thierry joint au souffleur peut aider à la mise en pression d'une machine, dès que le manomètre indique dans la chaudière une pression de deux ou trois atmosphères.

Fig. 36.

En résumé, pour brasser les flammes on voit que l'on peut employer deux méthodes :

1° briser les courants gazeux par des obstacles placés convenablement dans le foyer.

2° injecter dans le foyer des jets rapides d'air ou de vapeur.

En Russie on chauffe les machines au pétrole. Le principe est le suivant : faire entraîner par un jet de vapeur de l'air qui pulvérise l'huile. Le mélange enflammé est projeté sur une sole en briques réfractaires. L'expérience a montré que l'on obtient par kilogramme d'huile 12 kilogrammes de vapeur.

Corps cylindrique de la chaudière.

Le raccordement du corps cylindrique avec la boîte à feu, ainsi que la fixation des tubes sera étudié dans le chapitre relatif à la construction de la machine.

Le corps cylindrique qui contient les tubes ne doit pas être trop long ; en pratique on a reconnu qu'il vaut mieux avoir des tubes de deux à trois mètres de longueur et augmenter la profondeur du foyer que d'employer des tubes de 4 à 5 mètres, car, dans ce cas, au lieu d'augmenter la vaporisation, on la diminue.

On place le dôme de prise de vapeur, non pas au-dessus du foyer, mais à l'avant de la machine, pour éviter l'entraînement de l'eau.

L'entraînement de l'eau est dû à deux causes ; l'une résultant d'un effet mécanique qui entraîne l'eau à l'état pulvérisé, l'autre provenant des condensations qui s'opèrent sur le chemin que suit la vapeur pour aller dans les cylindres.

Examinons ce qui se passe si le dôme se trouve au dessus du foyer.

Dans cette partie de la chaudière l'ébullition est tumultueuse et saccadée ; une certaine portion de liquide, à l'état de gouttelettes est entraînée ; si au contraire on place le dôme de prise de vapeur dans un endroit où l'ébullition soit tranquille on atténue beaucoup cet inconvénient. A l'origine les machines n'avaient pas de dôme, aussi l'entraînement de l'eau était considérable.

Tube de Stephenson. — Pour éviter l'entraînement d'eau on emploie généralement la disposition suivante : le dôme de prise de vapeur dans lequel le régulateur est placé est complètement séparé de la chaudière par un diaphragme en tôle placé à sa partie inférieure. Il est rempli de vapeur au moyen de deux gros tuyaux : l'un en forme d'U s'ouvre simplement à sa partie inférieure et traverse le diaphragme, l'autre se prolonge horizontalement jusqu'au foyer. En cet endroit il prend une forme ovoïde et est percé, sur une longueur de 1m 50 environ, d'une fente à sa partie supérieure ; deux bandes de laiton rivées de chaque côté de la fente servent à empêcher l'eau de monter le long du tuyau et de pénétrer dans la fente. Cet appareil appelé tube de Stephenson donne de bons résultats.

Dans le dôme se trouve le régulateur qui est manœuvré par le mécanicien au moyen d'un levier. Depuis que l'on emploie des pressions toujours croissantes dans les locomotives, on a dû chercher à rendre la manœuvre du régulateur plus facile pour permettre au mécanicien de l'ouvrir lentement.

On a produit la question avec les régulateurs équilibrés (fig. 37).

Le régulateur équilibré se compose de deux parties : le petit tiroir et le grand. Dès que l'on a ouvert le petit tiroir l'équilibre des pressions s'établit sur les faces du grand et on peut le manœuvrer facilement.

Le mécanicien doit s'assurer souvent que le régulateur de la machine qu'il
fig. 37 conduit fonctionne bien, car s'il se produisait des fuites la machine pourrait se mettre en marche seule et causer de graves accidents.

Boîte à fumée.

La boîte à fumée fait suite au corps cylindrique ; elle descend légèrement au dessous de ce dernier.

Elle se termine d'un côté par une plaque tubulaire, de l'autre par deux portes.

Les portes de la boîte à fumée ainsi que celles du foyer sont munies de contre-porte en tôle. C'est dans la boîte à fumée que se rendent les débris de la combustion que la violence du tirage a entraînés. Il faut que les portes de la boîte à fumée ferment aussi exactement que possible car sans cela il pénétrerait de l'air qui pourrait enflammer les escarbilles qui s'y trouvent. On reconnaît que la boîte à fumée a été soumise à une forte température lorsque la peinture de son enveloppe se trouve tachée par place ; il faut donc la vider aussi souvent que possible.

Dans l'intérieur de la boîte à fumée se trouve le tuyau de prise de vapeur qui se divise en deux parties ; l'une conduit la vapeur au cylindre de droite, l'autre au cylindre de gauche. On remarque encore l'échappement, le souffleur, les grilles à flammèches et la cheminée.

Alimentation des Chaudières.

Pour les locomotives on emploie l'injecteur Giffard ou des pompes.

A l'origine l'alimentation se faisait seulement avec des pompes. Ces appareils se composaient essentiellement d'un piston plongeur et d'une boîte contenant deux clapets; l'un d'aspiration, l'autre de refoulement. Le piston de la pompe était commandé soit par la crosse du piston à vapeur, soit par l'excentrique de la marche arrière puisque c'est celui qui fatigue le moins.

Les pompes fonctionnant seulement pendant la marche de la machine on était obligé pendant les arrêts, de faire circuler les locomotives sur des voies spéciales nommées voies de course.

Pour obvier à cet inconvénient on plaça sur la machine un piston spécialement chargé de faire fonctionner la pompe ; cet appareil se nomma petit cheval. Pour régler l'alimentation de la pompe, le chauffeur avait à sa portée un robinet spécial.

Sauf de rares exceptions, on emploie aujourd'hui l'injecteur Giffard.

Nous ne décrirons pas l'appareil tel qu'il fut inventé car il n'est pas employé ; nous dirons seulement que pour régler l'écoulement de la vapeur, on se servait d'une aiguille et pour l'écoulement de l'eau on faisait pénétrer plus ou moins la tuyère dans la cheminée au moyen d'une manivelle.

Fig. 38.

Cherchons à nous rendre compte du fonctionnement de l'appareil.

Considérons un Giffard théorique (fig. 38).

e c d tuyère

h f g k cheminée.

L'expérience démontre qu'un jet liquide ou gazeux animé d'une grande vitesse, produit une succion du fluide gazeux ou liquide qui l'environne et tend à y faire le vide. Ceci posé, supposons que la vapeur arrive de la chaudière par le tuyau A, elle sort de la tuyère avec une grande vitesse, et d'après la remarque faite précédemment, l'eau qui vient de B est vivement attirée dans le sens du courant gazeux. La veine liquide et gazeuse, animée d'une grande vitesse, passe par l'ajutage E où la vitesse diminue mais reste encore suffisante pour soulever le clapet de refoulement et faire pénétrer l'eau dans la chaudière.

Cet appareil a subi plusieurs modifications, nous en citerons deux.

Modification de Mr. Delpech

Monsieur Delpech a rendu la cheminée mobile et la tuyère fixe. La compagnie P.L.M. emploie cet injecteur.

Le réglage de la vapeur se fait au moyen d'une aiguille et celui de l'eau au moyen d'un volant qui fait mouvoir dans le sens vertical deux tiges qui sont fixées à leur extrémité à la cheminée de l'injecteur. Sur ces tiges sont marqués des traits portant des chiffres indiquant à peu près le réglage de l'eau correspondant aux pressions indiquées par le manomètre.

Examinons comment se fait la mise en train de cet injecteur.

On commence à mettre le volant de réglementation d'eau à peu près à la division correspondant à la pression de la vapeur dans la chaudière, puis on ouvre les robinets de prise d'eau. Cela fait on tourne l'aiguille d'abord lentement et dès que l'on voit que l'appareil commence à fonctionner on tourne rapidement l'aiguille de manière à démasquer complètement la tuyère. Si la pression de la chaudière vient à monter ou à baisser on règle l'appareil au moyen du volant. On reconnaît que l'injecteur fonctionne dans de bonnes conditions à un sifflement particulier ou en examinant la veine liquide et gazeuse au moyen du regard.

Modification de M. Krauss

Monsieur Krauss laisse toutes les pièces de l'injecteur fixes; le réglage de l'eau et de la vapeur se fait au moyen de robinets munis d'aiguilles se mouvant sur des cadrans divisés.

Pour mettre l'appareil en marche, on ouvre d'abord le robinet d'eau, puis l'aiguille qui livre passage à la vapeur; on règle ensuite la marche de l'appareil au moyen des robinets.

Nous extrayons du cours de Monsieur Girardin ce qui suit.

« Quand la vapeur arrive en trop grande quantité pour pouvoir être condensée, ou ce qui produit le même effet, quand elle rencontre l'eau à une température trop élevée le vide ne se fait plus dans la chambre de la tuyère et la vapeur, au lieu d'entraîner l'eau tend à la refouler au réservoir et s'échappe par les fenêtres de la seconde chambre annulaire. Quand au contraire la fermeture graduelle du robinet de la chaudière diminue l'arrivée de la vapeur et fait tomber la pression trop bas, l'entraînement cesse également et c'est l'eau qui tend à se précipiter vers la vapeur. »

L'eau du tender ne doit pas dépasser 40 à 50 degrés pour des pressions de 7 à 8 atmosphères. Dans la pratique on se rend compte que cette température est atteinte en plaçant la main dans l'eau du tender. La sensation éprouvée permet de reconnaître lorsqu'on en a l'habitude, que l'eau est à une température voisine de 40 à 50 degrés.

Le mélange d'eau et de vapeur qui constitue le jet ne doit pas avoir une température supérieure à 98 degrés et pour un bon fonctionnement de l'appareil cette température doit être de 85 degrés.

Pour modifier le débit d'un Giffard, c'est-à-dire la quantité d'eau fournie pendant un temps donné, on peut faire, suivant Monsieur Deloy, varier, soit l'espace annulaire compris entre le cône fixe et le cône mobile, l'orifice de la vapeur restant constant, soit faire varier les deux orifices ensemble. Dans certaines compagnies les locomotives possèdent les deux systèmes d'alimentation : pompes et Giffard.

Les pompes deviennent très-utiles dans les profils accidentés ; le mécanicien peut en effet se servir de déclivités pour l'alimentation de la chaudière et cela sans dépense de vapeur.

Causes du mauvais fonctionnement d'un Giffard.

Il arrive quelquefois que l'injecteur d'une machine sortant de réparation, ne fonctionne pas ; cela peut tenir à deux causes :

1° On a démonté le Giffard et le minium des joints a obstrué une des ouvertures de l'appareil.

2° On a refait le joint du clapet de refoulement et le minium a collé le clapet qui ne peut se soulever.

Dans ce cas il n'est pas toujours nécessaire de démonter la boîte à clapet, il suffit de frapper légèrement dessus avec un marteau. En marche parfois le Giffard cesse tout à coup de fonctionner sans cause apparente ; cela tient souvent à ce que l'appareil est trop chaud ; pour le mettre en marche il suffit de le refroidir.

Il peut arriver qu'en ouvrant brusquement l'aiguille du Giffard elle se brise. Si au moment de la rupture, l'aiguille démasque complètement l'ouverture de la tuyère, on peut amorcer l'appareil en se servant du robinet de prise de vapeur de l'injecteur. Il suffira d'ouvrir lentement ce robinet, après avoir ouvert les robinets de prise d'eau de manière à ce que l'introduction de vapeur se fasse comme en manœuvrant l'aiguille.

Une question qui intéresse les constructeurs de Locomotives, c'est de savoir à quel point de la chaudière on doit faire entrer l'eau d'alimentation. L'entrée de l'eau, relativement froide dans la chaudière, ne doit pas se faire près de la plaque tubulaire car elle occasionnerait une détérioration du métal, il faut la faire entrer, autant que possible, vers l'avant de la machine ; en général on prend une position intermédiaire.

Les réchauffeurs servent à envoyer de la vapeur dans l'eau du tender pour en élever la température. Les réchauffeurs sont très utiles lorsqu'il fait froid pour empêcher l'eau de geler dans les rotules; à cet effet on ouvre légèrement les robinets des réchauffeurs.

Avec les pompes on se servait beaucoup des réchauffeurs; mais avec le Giffard il faut faire en sorte de ne pas trop élever la température de l'eau du tender; sans cette précaution on compromettrait la marche de l'injecteur. Quand les réchauffeurs sont ouverts, l'injecteur ne peut pas s'amorcer.

En stationnement si le mécanicien a un excès de pression il pourra se servir des réchauffeurs.

Soupapes de sureté.

Les soupapes de sureté servent dans le cas où il se formerait dans la chaudière un excès de pression.

Le diamètre à donner aux soupapes est fixé par les ordonnances de 1843 et 1846. La formule est la suivante:

$$D = 2.6\sqrt{\frac{S}{n \times 0,412}}$$

D est le diamètre cherché en centimètres

S surface de chauffe en mètres carrés

n pression indiquée par le timbre de la chaudière.

D'après cette formule une chaudière de 30 $^{m.q}$ de surface de chauffe dont la pression au timbre est de 6 atmosphères, a une soupape de sureté dont le diamètre est de 6 centimètres,024

Le contact de la soupape et de son siège est une surface plane qui doit être très étroite. Les plus grandes largeurs, que l'on puisse donner à ces surfaces, sont représentées par le tableau suivant; c'est l'ordonnance citée plus haut qui assigne ces limites.

Diamètre des orifices ou des surfaces exposé directement à l'action de la vapeur.	Largeur correspondante que les surfaces de recouvrement ne devront pas dépasser.
Millimètres	Millimètres
20	0,67
30	1.00
40	1.32
50	1.67
60	2.00

Chaque chaudière est munie de deux soupapes de sûreté et l'article V du décret de 1865 prescrit que « chacune des soupapes doit suffire à elle seule, dans tous les cas, pour maintenir la vapeur dans la chaudière à un degré de pression qui n'excède dans aucun cas celle du timbre. »

Pour que la soupape ne se soulève pas avant que la pression maxima soit atteinte, on emploie la disposition du croquis pour les machines fixes (fig. 39).

Le poids P, placé à l'extrémité du levier, est calculé pour assurer le bon fonctionnement de la soupape.

Sur les locomotives on remplace le poids P par un ressort à boudin renfermé dans un cylindre en cuivre. On règle la tension du ressort au moyen de vis et de tiges filetées. Ce système porte le nom de balance.

Fig. 39.

Voici le système usité à la compagnie P.L.M.

La balance se compose de deux ressorts un grand et un petit placés concentriquement réglés convenablement et fixés par une extrémité à une tige filetée dans toute sa longueur C et par l'autre à une pièce en laiton E relié au moyen d'une bielle à un point fixe placé sur la chaudière. Un écrou D permet d'augmenter ou de diminuer la tension des deux ressorts suivant le timbre de la chaudière et transmet cette tension à l'extrémité du levier de soupape; deux fourreaux minces en cuivre a b fixés comme l'indique le croquis; l'un à la vis au moyen d'une deuxième pièce en laiton f, l'autre à la pièce en laiton e, glissent l'un dans l'autre (fig. 40). Le plus petit fourreau est gradué de façon à indiquer à la partie inférieure du grand les pressions auxquelles correspondent les différentes tensions du ressort. La compagnie P.L.M. emploie un appareil qui a pour but d'empêcher les mécaniciens de serrer leurs balances au delà du timbre de la chaudière et de leur permettre néanmoins de les desserrer rapidement en cas d'élévation brusque de pression.

Fig. 40

Les chapes inférieures des balances sont fixées à des bielles B, B qui se prolongent à leur partie inférieure par des tiges filetées. Ces tiges sont montées dans deux écrous en bronze C, C en forme d'engrenage hélicoïde à leurs parties extérieures et commandés par une vis sans fin horizontale munie d'un volant D le tout supporté par un bâti en bronze A. Ceci posé, on commence par régler les bielles B de façon à ce qu'elles reposent sur le bâti A; elles ne pourront donc dans aucun cas descendre d'avantage et le mécanicien ne pourra resserrer ses balances par le bas; en cas de danger il aura toute facilité pour les desserrer en tournant le volant D de façon à rallonger les bielles B, B.

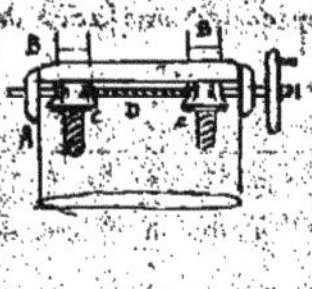

Fig. 41.

Pour empêcher le mécanicien de serrer ses balances par le haut, une fois qu'elles sont réglées au timbre, on réunit les deux écrous au moyen de fils plombés passant dans des trous percés à la circonférence de ceux-ci. Lorsque la vapeur sort par les soupapes on dit qu'elles chantent, s'il ne sort qu'une très petite quantité de vapeur, on dit qu'elles priment ou frisent.

Le calage des soupapes consiste à empêcher, par un procédé quelconque, les soupapes de sûreté de se soulever lorsque la pression limite est atteinte.

Les agents, quels que soient leur rang et leur titre, ne doivent dans aucun cas caler les soupapes de sûreté, car ils s'exposeraient à faire éclater la chaudière. En effet, dès que les soupapes ne fonctionnent plus, la pression peut devenir très rapidement supérieure à la résistance des tôles; et s'il n'y a pas d'explosion il peut en résulter des fuites qui nécessitent l'envoi de la machine aux ateliers.

Certains mécaniciens prétendent que le calage des soupapes facilite les économies de combustible; en admettant que cela soit vrai; il n'est pas admissible que l'appât du gain les aveugle au point d'exposer leur vie pour quelques kilogrammes de charbon. Il faut bien le dire aussi, souvent les balances sont mal entretenues et perdent avant le timbre; dès lors le mécanicien se trouve être dans de plus mauvaises conditions que ses collègues qui ont des soupapes en bon état; pour y remédier il a recours au calage.

Dans les dépôts, les balances doivent être le sujet d'un entretien continuel; on éviterait ainsi des infractions graves au règlement et les agents qui seraient signalés comme calant les soupapes, n'auraient pas d'excuse à faire valoir.

Soupapes de sûreté (Système Ramsbotton)

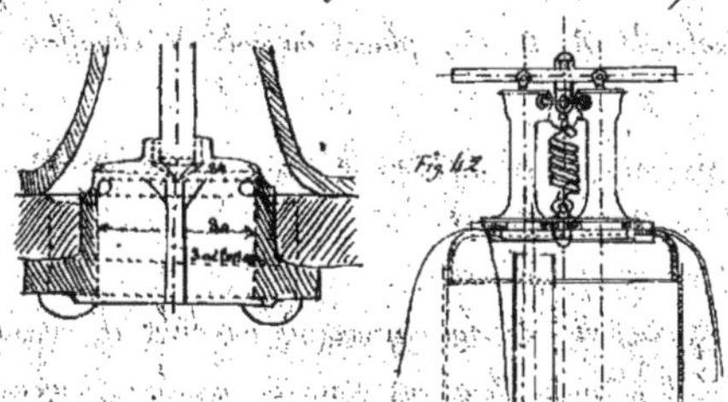

Fig. 43

Dans certaines compagnies, on a renfermé les soupapes de sûreté dans des boîtes plombées.

Une des plus heureuses dispositions est celle employée en Suisse Système Ramsbotton (fig. 42 et 43)

Niveau d'eau.

Pour que le mécanicien puisse se rendre compte, à chaque instant, de la quantité d'eau contenue dans la chaudière on emploie un appareil nommé tube à niveau d'eau.

Il se compose, (fig. 44) d'un tube en cristal monté sur deux tuyaux munis de robinets. L'un de ces tuyaux est placé au-dessus, l'autre au-dessous du niveau normal de l'eau. Les robinets servent à interrompre la communication avec la chaudière lorsque le tube se brise ; le mécanicien doit donc les entretenir de façon à ce qu'on puisse les manœuvrer facilement. Il reconnaît que le tube à niveau d'eau fonctionne bien lorsque l'eau dans le tube est animée d'un mouvement d'oscillation continuel. Le mécanicien doit souvent purger le tube en ouvrant le robinet P après avoir fermé le robinet V. Lorsqu'il remplace un tube il doit le couper de la longueur voulue de manière qu'en serrant les écrous H et M le tube ne fléchisse pas.

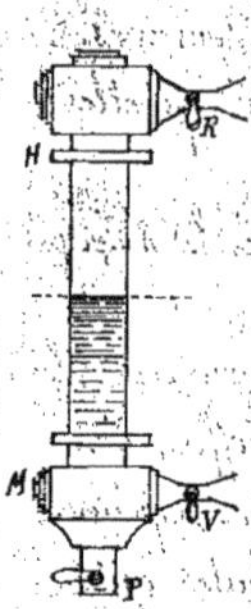

Le niveau de l'eau est plus élevé dans le tube lorsque la machine marche que lorsqu'elle est arrêtée ; en effet lorsque le régulateur est ouvert il se produit une sorte d'aspiration à l'arrière de la chaudière. Le mécanicien peut se rendre compte que les tuyaux R et V sont bouchés de la manière suivante. Il ouvre le robinet purgeur P ; s'il ne sort que de la vapeur c'est que V est bouché ; s'il ne sort que de l'eau c'est que R est bouché ; s'il ne sort rien c'est que R et V sont bouchés.

Fig. 44.

Supposons que par une cause quelconque le robinet R se ferme ; le tube se remplit. Le mécanicien s'en rendra compte bien vite puisqu'il sait le chemin qu'il a parcouru et ce que la machine dépense d'eau ordinairement.

Lorsqu'on place un tube ou qu'on le nettoie lorsqu'il est en place, il faut bien se garder de le faire avec une tige de fer car peu de temps après le tube se briserait.

Les jours de lavage le mécanicien doit s'assurer que les tuyaux R et V ne s'entartrent pas.

Si en marche le tube à niveau se brise le mécanicien se sert des robinets de jauge.

On nomme ainsi les trois robinets A, B, C, placés du coté du chauffeur (fig. 45)

A doit donner de la vapeur

B de la vapeur et de l'eau

C de l'eau

Ces robinets doivent toujours être en parfait état.

Fig. 45

Lorsque le mécanicien devra par suite de la rupture d'un tube à niveau d'eau se servir robinets de jauge il redoublera d'attention et fera en sorte de marcher toujours avec une quantité d'eau supérieure à celle qu'il a lorsque son tube à niveau d'eau fonctionne.

S'il n'y a que deux robinets de jauge, B et C,

B donne de l'eau et de la vapeur.

C donne de l'eau seulement.

S'il ne sortait que de la vapeur par le robinet C il faudrait immédiatement alimenter, car on serait sur le point de découvrir le ciel du foyer. On place, en général, le robinet de jauge inférieur à $0^{m}10$ environ au dessus du ciel du foyer.

Manomètre.

Le manomètre est un instrument destiné à indiquer la pression qui règne dans la chaudière. Dans les locomotives on emploie en général le manomètre Bourdon.

Il consiste en un tube à section elliptique contourné en spirale, fermé à une extrémité et communicant par l'autre avec la vapeur. La pression tend à redresser le tube ce qui lui imprime un mouvement que l'on transmet à une aiguille qui se meut sur un cadran.

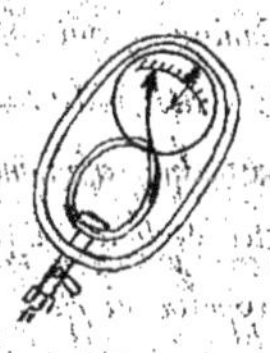

En général le manomètre porte une flèche sur la division qui indique la pression du timbre de la machine. Le mécanicien doit s'assurer que son manomètre est toujours en bon état. Si le manomètre en cours de route vient à se déranger le mécanicien se servira des balances pour constater la pression à laquelle il marche; dans ce cas les balances doivent toujours primer légèrement; c'est-à-dire qu'il doit sortir un petit nuage de vapeur ce qui indique que l'on se trouve à la pression du timbre de la chaudière. Dès que le mécanicien a reconnu que le manomètre de la machine qu'il conduit est défectueux il doit immédiatement le faire changer (fig 46).

Fig. 46.

Le mécanicien reconnait que le manomètre ne fonctionne pas lorsque la pression indiquée par l'aiguille, est en désaccord avec les indications fournies par les soupapes (On suppose les balances parfaitement réglées).

On doit vérifier de temps en temps les manomètres en les comparant avec des étalons.

Le sifflet à vapeur employé sur les locomotives permet au mécanicien de signaler sa présence ou de produire les signaux nécessaires dans le service.

Le sifflet (figure 47) se compose d'une cloche renversée percée suivant sa circonférence, d'une fente étroite, au dessus une cloche en bronze dont le bord est taillé en biseau. Une soupape manœuvrée par le mécanicien au moyen d'un levier permet de faire passer la vapeur et de produire le sifflement. Dans certaines compagnies, on adopte des sifflets dont le son est différent pour les machines à voyageurs et les machines à marchandises.

Fig. 47.

Bouchon fusible.

Pour mettre le mécanicien en garde contre les coups de feu qui résultent de l'abaissement du niveau de l'eau de la chaudière au-dessous du ciel du foyer, on place, sur ce dernier, un écrou percé d'une ouverture dans laquelle on a coulé et maté du plomb. Il est évident que tant que le plomb sera couvert d'eau il ne fondra pas, mais dès que l'eau le découvrira il fondra et laissera passer un jet d'eau chaude qui éteindra le feu. Le bouchon est placé de manière à faire saillie sur le ciel du foyer pour qu'il fonde avant que l'eau ait entièrement disparu.

Il arrive quelquefois que le plomb, cédant à la pression tombe dans le foyer sans que le ciel soit découvert. Pour éviter cet inconvénient les mécaniciens devront le visiter souvent et soigneusement.

Echappement.

Dans les locomotives lorsque le travail de la vapeur s'est effectué dans les cylindres la vapeur passe par les lumières d'échappement et se rend dans un tuyau commun qui vient déboucher dans l'axe de la cheminée. A l'extrémité de ce tuyau se trouvent deux valves qui permettent d'en faire varier l'ouverture. L'échappement variable a pour but d'augmenter ou de diminuer le tirage; en effet le tirage sera d'autant plus énergique que la section du tube sera plus étroite. Pour comprendre le rôle de l'échappement il suffit de se rappeler ce que nous avons dit pour l'injecteur Giffard.

Le mécanicien, peut à volonté, serrer ou desserrer l'échappement au moyen d'un volant placé à sa portée.

Souffleur.

Le souffleur sert à produire le tirage en stationnement; il se compose d'un tuyau dont l'une des extrémités est en communication avec la vapeur de la chaudière, et l'autre débouche dans l'axe de la cheminée. Il faut que le tuyau soit bien dans l'axe de la cheminée, car s'il était incliné un jet de vapeur frappant sur les flancs de la cheminée le tirage se trouverait paralysé.

A la compagnie d'Orléans, on se sert d'un souffleur à plusieurs jets.

Les mécaniciens se servent du souffleur en marche lorsqu'ils descendent de longues déclivités, ce qui leur permet de se maintenir en bon état. Nous avons vu que le souffleur est employé concurremment avec le fumivore Thiery pour empêcher la fumée.

On ne doit, dans aucun cas, ouvrir le souffleur lorsque la grille du foyer est dégarnie; on s'exposerait à faire perdre les tubes par suite du refroidissement brusque résultant de l'entraînement de l'air froid.

Lorsque le chauffeur prépare le feu pour la rentrée de la machine au dépôt, il peut légèrement ouvrir le souffleur ou mieux, se servir du fumivore.

Grilles à flammèches.

On place, dans la boîte à fumée, des grilles qui ont pour but d'arrêter les matières enflammées qui pourraient mettre le feu en sortant de la cheminée. Ces grilles sont placées au dessus de la dernière rangée de tubes. Le cendrier et les grilles à flammèches ont pour but d'empêcher le combustible enflammé de tomber sur la voie ou de sortir par la cheminée. L'ordonnance du 15 Novembre 1846 exige en effet l'emploi d'appareils pour prévenir les incendies occasionnés par le passage des trains. Lorsque l'échappement variable est serré ces appareils n'ont pas grande efficacité.

Cheminée.

Pourquoi un souffleur ? Pourquoi un échappement variable ? La réponse est facile si on considère la faible hauteur des cheminées de locomotives ; on se rend compte immédiatement de la nécessité d'un tirage artificiel.

On ne peut employer de hautes cheminées pour différentes causes : avec la vitesse de la machine on aurait à vaincre de grandes résistances ; de plus des cheminées trop hautes ne passeraient pas sous les tunnels. On emploie donc des cheminées très courtes qui ont différentes formes suivant le combustible employé.

Pour suspendre le tirage complètement ou en partie pendant de longs stationnements on couvre la cheminée au moyen d'un disque mobile en tôle qui permet de fermer la partie supérieure.

Enveloppes.

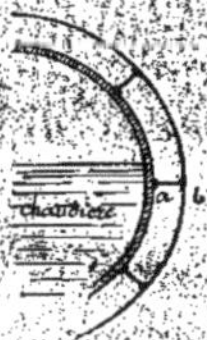

Pour empêcher la chaudière de se refroidir on l'entoure d'une enveloppe. Primitivement comme enveloppes peu conductrices on employait le feutre, le bois, aujourd'hui on se sert d'une lame d'air. Le croquis ci-joint montre la disposition employée ; a b représentent l'épaisseur de la lame d'air.

Fig. 48

Chapitre IV.

Mécanisme.

Les coulisses employées dans les locomotives ont pour but de permettre à la machine de se mouvoir soit en avant soit en arrière. Il y a un grand nombre de coulisses ; nous n'étudierons que les types les plus usités.

Fig. 49.

Coulisse de Stephenson.

La coulisse de Stephenson se compose, (fig. 49) de 2 excentriques A et B identiques et montées sur l'essieu moteur M. L'angle qu'ils font entre eux, diffère de deux angles droits d'un petit angle nommé angle de calage, comme nous l'avons déjà dit plus haut.

Les deux barres d'excentriques G et H de même longueur sont reliées aux extrémités d'une coulisse circulaire I K. En L se trouve le coulisseau qui se continue par la tige L E du tiroir. Le coulisseau est fixe tandis que la coulisse I K peut se déplacer de manière à ce que I vienne en L ou que K vienne en L.

Ce mouvement est obtenu au moyen de la tige C D appelée bielle de relevage.

Un mécanisme particulier que nous décrirons plus loin, permet au mécanicien de faire mouvoir la coulisse.

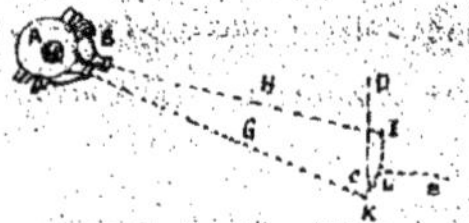

Pour simplifier nous ne tracerons que les axes (figure 50)

Mais d'après ce que nous avons dit sur les excentriques nous pouvons les remplacer par deux manivelles et nous aurons la figure indiquée par le croquis suivant (figure 51).

Fig. 50.

Lorsque le coulisseau L se trouve au milieu de la coulisse, c'est à dire en M, on a I L = L K (fig. 52) dans ce cas le tiroir devra être au point mort; mais il n'en est pas ainsi, car le tiroir possède encore un léger mouvement qui laisse passer la vapeur, mouvement dû à l'avance angulaire.

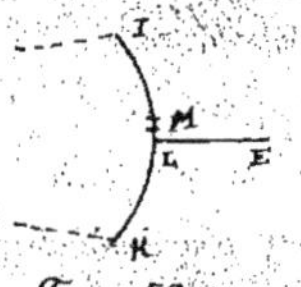

Fig. 51. Fig. 52

Pour obtenir l'immobilité du tiroir dans cette position il suffit d'évaser légèrement la coulisse au point M.

Si le coulisseau L est placé entre M et I la coulisse se trouve dans la position de marche avant (figure 53) et comme la distance M L peut varier comme l'on voudra, le mécanicien pourra admettre plus ou moins de vapeur suivant que la distance M L augmentera ou diminuera.

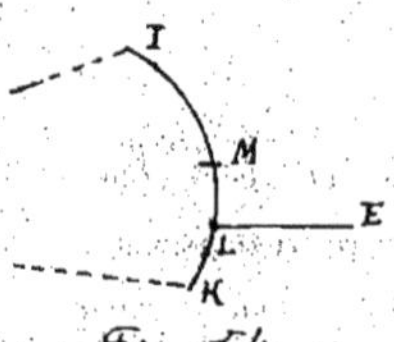

Fig. 53

Si le coulisseau L occupe entre M et K une certaine position (fig. 54) la coulisse se trouve dans la position de marche arrière et comme précédemment l'admission de la vapeur dépendra de la plus ou moins grande longueur de M L.

Fig. 54

Dans le cas que nous venons d'examiner les barres sont dites droites. On peut aussi employer des barres croisées. Dans ce cas la position de la marche avant et de la marche arrière est en sens contraire de celle de la figure précédente.

Coulisse de Gooch.

La coulisse est circulaire mais placée en sens inverse de celle de Stephenson. Le milieu E de la coulisse est fixé à une tige EH, lié à un point H fixe. Le point E se déplace suivant EG. La tige GM du tiroir se déplace suivant GE; elle s'articule en G à une bielle GF. F est le coulisseau et LI la bielle de relevage.

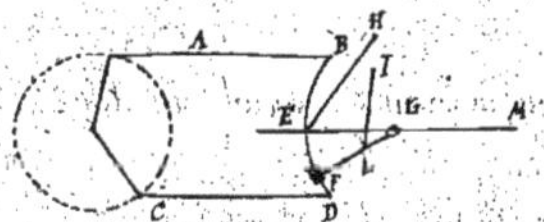

Fig. 55.

Les déplacements du tiroir dépendent de la position du coulisseau F sur la coulisse BD, mouvement qui s'obtient au moyen de LI (fig. 55).

Comme pour la coulisse de Stephenson les barres peuvent être droites ou croisées. Ce que l'on a dit pour la coulisse de Stephenson s'applique à la coulisse de Gooch.

Coulisse d'Allan.

C'est une combinaison des deux coulisses précédentes; dans cette disposition la coulisse est droite (figure 56).

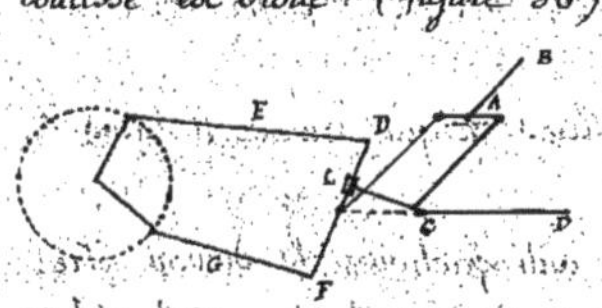

Fig. 56

La légende suivante et le croquis montrent la disposition employée.

DE, FG	barres d'excentriques	L coulisseau
		AB bielle de relevage
CD	tige du tiroir	DF coulisse

Il est facile de se rendre compte du mouvement de la tige CD.

Coulisse Walschaert.

Dans ce système le tiroir reçoit le mouvement combiné d'un seul excentrique et du piston.

Voici la disposition adoptée (Fig. 57).

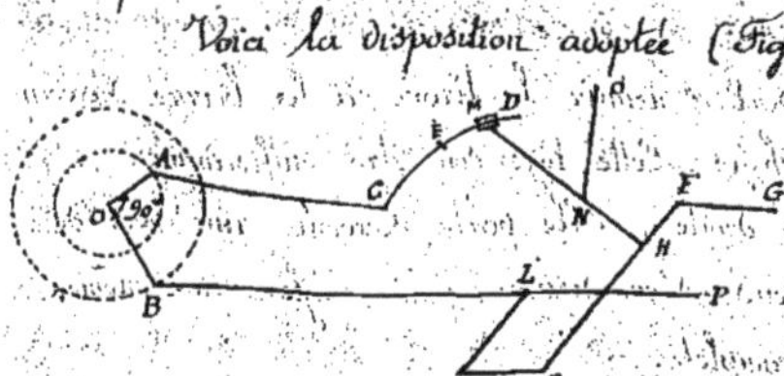

Fig. 57.

- OA excentrique
- OB manivelle
- AC barre d'excentrique
- CD coulisse mobile autour d'un point fixe E
- M coulisseau qui se déplace au moyen de la bielle de relevage NO.

M H barre terminée d'un côté par le coulisseau de l'autre par un levier F G.

Ce levier est relié en F à la tige F G du tiroir qui est disposée de manière à se mouvoir en ligne droite, et en G avec une bielle K G qui se relie au moyen de K L avec la crosse du piston.

L P tige du piston.

Les appareils de distribution doivent remplir les conditions suivantes : 1° les ouvertures, qui laissent passer la vapeur, doivent se démasquer et se fermer rapidement.

2° Il doit y avoir avance à l'admission et avance à l'échappement : cette dernière doit être la plus grande.

3° L'admission de la vapeur doit être interrompue au moment exact où la détente employée l'exige.

Nous allons examiner en détail certaines parties du mécanisme.

Excentrique

L'excentrique se compose de trois parties :

1° les poulies d'excentriques fixées sur l'essieu moteur ; elles sont généralement en fonte.

2° les colliers d'excentrique qui enveloppent les poulies, le métal employé est le fer ou le bronze.

3° les barres d'excentrique, qui se rattachent aux colliers et qui servent à transmettre le mouvement.

Les colliers d'excentrique sont aujourd'hui garnis d'anti friction ; ils doivent être montés avec soin ; sans cela il se produirait des dérangements dans la distribution et le réglage de la machine ne serait pas assuré. Pour pouvoir serrer les colliers dès qu'ils prennent du jeu on place des cales en bronze entre A et B (fig. 58). Lorsque l'épaisseur des cales est devenue trop faible on garnit à nouveau le collier d'anti friction et on place des cales neuves.

Tige de Tiroir.

Fig. 58. La tige de tiroir est une pièce qui sert à réunir le tiroir à la barre d'excentrique : sa forme varie suivant les types de machine. Cette tige doit être suffisamment guidée pour se mouvoir rigoureusement en ligne droite. Elle porte souvent une vis de réglage qu'on tend à supprimer, car les mécaniciens s'en servent pour régler eux-mêmes leur machine, il en résulte souvent un déréglage complet.

Cylindres.

Les cylindres doivent avoir des dimensions variables suivant l'effet que l'on veut obtenir avec la machine. Ainsi si on a un cylindre de petit diamètre et de grandes roues, l'action de la vapeur sur les faces du piston ne produira que peu de force mais en retour on aura une grande vitesse. Si au contraire le cylindre a un grand diamètre et que l'on emploie de petites roues, la vapeur, en agissant sur le piston, développera une force considérable mais la vitesse sera très faible.

La vitesse du piston ne doit pas dépasser certaines limites : en effet il faut que la vapeur pénètre dans le cylindre et en sorte. Si on exagère la vitesse de la machine, la pression, qui pousse le piston diminue, et la contre pression augmente ; la force de la machine se trouve donc diminuée.

Dans les locomotives la vitesse du piston peut être très considérable. Monsieur Couche cite l'exemple suivant : Pour un train express marchant à 72 kilomètres à l'heure (le diamètre des roues étant 2m 10 et la course du piston 0m 55) la vitesse du piston atteint 3m 30 par seconde. Pour obvier aux inconvénients résultant de la vitesse du piston, on emploie des contre-poids fixés aux roues ; nous reviendrons sur cette question.

Pour les dimensions à donner aux cylindres, dans les machines fixes on prend en général la longueur double du diamètre ; dans les locomotives, on ne peut pas suivre rigoureusement cette règle.

Les cylindres sont en fonte, leur épaisseur doit être telle, qu'après l'alésage ils conservent une résistance suffisante.

On enveloppe les cylindres d'une chemise de feutre ou de bois ; aujourd'hui on interpose seulement une lame d'air.

L'eau entraînée ou produite par la condensation de la vapeur est chassée des cylindres par deux robinets placés aux extrémités et à la partie inférieure.

Ces robinets nommés purgeurs sont manœuvrés par le chauffeur au moyen d'une tige.

On a essayé d'employer des purgeurs automatiques mais le résultat n'a pas été satisfaisant.

On ouvre les purgeurs toutes les fois que la machine est mise en mouvement après quelque temps de stationnement, car si le mécanicien laissait accumuler l'eau dans les cylindres, il pourrait se produire deux choses : ou bien rupture du plateau de cylindre ou bien faussage de la tige du piston.

Piston

Les pistons employés dans les locomotives doivent être d'une masse peu considérable pour éviter la transmission des divers mouvements produits à toute la machine.

Piston de Ramsbotton

Cependant on doit tenir compte des forces de tubes employés aujourd'hui et ne pas faire les pistons trop légers.

Fig. 59. Piston Suédois

En Angleterre on a employé des pistons en fonte, en France on emploie le fer et quelquefois le bronze.

D'après les croquis ci-joints on voit que la tige s'assemble au piston soit au moyen d'une vis, soit au moyen de rivure à chaud ou à froid. Si la tige du piston est en acier on doit chauffer au rouge ce qui permet de faire l'assemblage sans altérer le métal.

Fig. 60.

Les pistons et tiges forgés d'une seule pièce ont donné de bons résultats. On a aussi employé pour fixer le piston à sa tige des clavettes, mais ce procédé est abandonné aujourd'hui.

Segments de piston.

Le diamètre du piston est un peu moindre que le diamètre du cylindre. Pour empêcher les fuites de vapeur on place sur le pourtour du piston des lames métalliques qui s'introduisent dans des rainures tracées sur la circonférence du piston; ces cercles métalliques portent le nom de segments.

Les segments peuvent être en acier, en alliage anti-friction ou en fonte; ces derniers sont les plus usités. En général on fait les segments en fonte moins dure que celle du cylindre; cependant on peut employer des fontes dures avec un bon graissage.

Pour assurer le centrage du piston on peut placer dans les rainures de petits ressorts.

Il arrive quelquefois que les cylindres sont rayés, soit par les segments, soit par suite d'un défaut de graissage. Dès que le mécanicien s'en aperçoit il doit les faire visiter.

On a essayé d'empêcher l'ovalisation des cylindres due à la pression du piston sur la partie inférieure du cylindre en l'armant d'une double tige, de cette façon le piston est suspendu et l'inconvénient disparaît.

Crosse du piston

La tige du piston se termine par une pièce appelée crosse du piston; elle peut être reliée à la tige au moyen d'une clavette. Elle est guidée par les glissières et les parties de la crosse qui glisse sur celles-ci se nomment semelles.

La bielle motrice est reliée d'un coté à la crosse et de l'autre à la roue motrice.

Les machines qui circulent sur la ligne allant presque toujours en avant c'est la semelle supérieure de la crosse qui fatigue le plus et qui s'use davantage ; pour s'en rendre compte il suffit de considérer l'obliquité de la bielle motrice.

Dès que la crosse du piston prend du jeu on peut y remédier de deux manières, suivant le type de machine ; soit en remplaçant la semelle usée, soit en se servant de cales.

Glissières. — Elles ont pour but de guider la crosse du piston dans son mouvement rectiligne.

Leur montage doit être l'objet d'un soin spécial, en effet, les glissières doivent être rigoureusement parallèles à l'axe du cylindre ; elles sont en général en acier. Pour les monter on se sert de cales dont on peut diminuer l'épaisseur lorsque l'usure l'exige.

Les glissières peuvent se gripper et se fausser. Le grippage peut provenir d'un mauvais graissage ou de la présence d'un corps étranger ; s'il est peu important on peut le faire disparaître à la lime ; dans le cas contraire on emploie la raboteuse.

Pour réparer les glissières faussées on les chauffe pour les ramener à l'état primitif.

Bielles.

En examinant une bielle dans une machine en mouvement, il est facile de remarquer qu'elle est alternativement tirée et comprimée, de plus dans les grandes vitesses elle est soumise à une oscillation particulière appelée fouettement ; c'est pour ces différentes raisons qu'on donne aux bielles une forme spéciale.

Autrefois on renflait la partie moyenne de la bielle et le profil était circulaire ; aujourd'hui on emploie un profil rectangulaire et le renflement de la partie moyenne tend à disparaître.

Il y a deux espèces de bielles, les bielles motrices et les bielles d'accouplement.

Les bielles motrices servent à transmettre le mouvement du piston à l'essieu moteur ; elles sont terminées à chaque extrémité par des renflements inégaux nommés tête de bielles. La petite tête s'adapte à la crosse du piston, la grosse tête de bielle est munie d'un coussinet dont le serrage est obtenu au moyen de clavettes ; le point essentiel est d'en empêcher le desserrage.

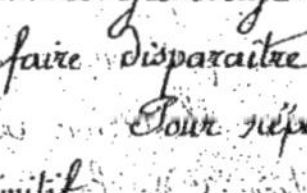

Le croquis montre une des dispositions adoptées, en A se trouve un graisseur qui se compose d'une cavité percée d'un trou qui conduit

Fig. 61.

l'huile sur les faces du coussinet (fig. 61). Pour que la dépense d'huile soit lente on emploie des mèches de coton que le mécanicien doit visiter souvent ; il évitera ainsi les chauffages. On donnera une explication analogue pour la petite tête de bielle.

Les bielles motrices suivant le type de machine ont différentes formes leur étude nous entraînerait trop loin.

Les coussinets sont en général en bronze ; ils sont munis d'anti-frictions a a. b (fig. 62). Ils se composent en général de deux parties séparées quelquefois par des cales qui permettent de régler le serrage.

a
b
Fig. 62.

Les bielles motrices peuvent se rompre ou se fausser. Il est rare que la rupture arrive brusquement ; le plus souvent il se forme une fissure. Le mécanicien doit donc les vérifier souvent.

Lorsque les bielles motrices sont faussées, on les chauffe et on se sert de règle pour ne pas dépasser la longueur qu'elles doivent avoir.

Pour vérifier si une bielle motrice est de longueur on peut employer le procédé suivant : monter la bielle et faire tourner la roue motrice pour marquer les deux positions extrêmes avant et arrière de la crosse du piston ; puis démonter la bielle et pousser le piston à fond de course à l'avant et à l'arrière et marquer les deux positions extrêmes de la crosse sur la glissière. Si les traits coïncident la bielle est de longueur ; dans le cas contraire, on voit de quel sens il faut faire la correction sur la bielle.

Les bielles d'accouplement servent à augmenter l'adhérence des machines. Pour ces bielles la plus grande hauteur est au milieu de la section, leur mode d'attache est analogue à celui de la grosse tête de bielle motrice. Dans ces bielles le fouettement est très accentué. Les avaries sont les mêmes que pour les bielles motrices.

Voici le procédé employé pour les mettre de longueur ; on mesure la distance des centres des deux roues à accoupler, on reporte cette longueur sur la bielle mise en place (Cette longueur est portée d'un centre d'une des têtes de la bielle au centre de l'autre).

S'il y a une différence entre les longueurs précédentes on la corrige au moyen de cales. On fait ensuite tourner les roues ; il faut que ce mouvement se fasse très facilement.

Tiroirs.

Les tiroirs sont en général en bronze ; on a essayé l'emploi des tiroirs en fonte, mais on a dû y renoncer avec les machines puissantes employées aujourd'hui.

La pression que supporte un tiroir étant très considérable, on a essayé de diminuer le frottement sur la glace au moyen de différents procédés ; nous en indiquerons deux.

Compensateur.

On désigne ainsi le système qui consiste à placer un anneau entre le dos du tiroir et le plateau de la boîte à vapeur. L'inconvénient de ce système est qu'il est difficile, en l'employant, d'empêcher les fuites; car si on serre trop l'anneau contre le plateau il en résulte des frottements qui détruisent l'effet que l'on voulait obtenir.

Tiroirs à dos percé.

Dans cette disposition on supprime en partie le dos du tiroir et on fait frotter la partie restante sur le couvercle de la boîte à vapeur. Dans ce cas (fig. 63) l'échappement se fait par une ouverture du couvercle de la boîte à vapeur; il faut bien entendu, que le contour du tiroir n'atteigne pas cette ouverture. Malgré les avantages qui peuvent résulter de ces dispositions on les emploie peu.

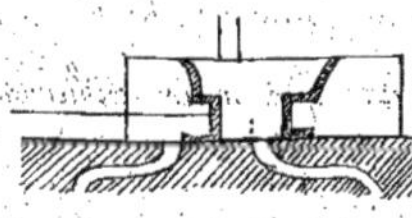

Fig. 63.

On se sert en général de tiroirs à coquille.

Une des dispositions les plus employées consiste à placer le tiroir dans un cadre en fer relié à la tige. Pour empêcher le claquement on place des ressorts qui exercent une pression sur le dos du tiroir et le maintiennent appliqué contre la table de friction.

La surface de friction doit être parfaitement plane ainsi que les parties frottantes du tiroir; sans cette précaution il y aurait des fuites de vapeur.

Levier de changement de marche.

Autrefois on employait un levier pour manœuvrer la coulisse; depuis quelques années on l'a remplacé par une vis actionnée par un volant (fig. 64).

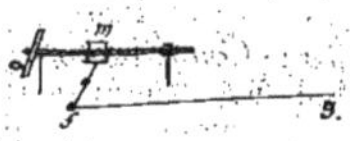

Fig. 64

Nous avons vu que le changement de sens du mouvement de la machine s'obtient au moyen d'une coulisse. Cette coulisse est commandée par une barre f g nommée barre de relevage. Cette barre est actionnée par un levier dont l'extrémité m est déplacée par une vis terminée par un volant. On peut donner à m un mouvement de va et vient et la barre de relevage prendra donc ce mouvement.

Règle graduée.

Arrière | 5 | 4 | 3 | 2 | 1 | 0 | 1 | 2 | 3 | 4 | 5 | Avant

Fig. 65

Lorsque m se trouve au point marqué 0 sur la règle le tiroir est au point mort. Si m se trouve à la division 4 en A la machine ira en arrière ; si m se trouve à la division 4 en B elle ira en avant.

Usage des Divisions

En marche le régulateur est ouvert en grand, mais on peut modifier la détente en amenant m à la deuxième division, par exemple, si la voie est en palier, si on attaque une rampe on augmentera l'admission de vapeur ; pour cela il suffit que m soit à la troisième ou quatrième division.

Le volant de changement de marche a un triple rôle :

1° Permettre à la machine d'aller en avant ou en arrière.

2° Modifier la détende.

3° Renverser la marche pour l'emploi de la contre-vapeur que nous expliquerons dans le chapitre consacré aux freins.

Chapitre V.

Construction d'une machine locomotive, graissage et lavage

La construction d'une machine peut se diviser en deux parties : Construction de la chaudière, construction du chassis.

Nous allons décrire très sommairement les principales opérations nécessaires.

Dans les tôles employées pour la construction des chaudières on doit rechercher la résistance à la rupture par traction et surtout l'absence d'aigreur. Du reste les tôles avant d'être employées sont soumises à différentes épreuves qui en assurent la bonne qualité.

Chaudière.

Une chaudière de locomotive se compose de plusieurs feuilles de tôle auxquelles on donne une forme particulière et qu'on assemble au moyen de rivets.

Pour tracer ces différentes tôles on peut se servir de gabarits en tôle mince. Ces gabarits sont placés sur la feuille de tôle choisie et on marque, à l'aide d'un pointeau, la place des rivets et des différentes ouvertures qui doivent se trouver sur la pièce considérée. Une fois cette opération terminée on poinçonne la tôle.

Cela fait, on porte la pièce ainsi préparée à la machine à cintrer. L'ouvrier pour se rendre compte que le cintrage est suffisant, emploie une cerce A (fig. 66) en tôle, il continue le cintrage jusqu'à ce que la cerce s'applique sur tout le contour de la circonférence intérieure de la pièce.

A

Fig. 66

Après avoir tracé au moyen d'un gabarit la plaque tubulaire de boîte à fumée on fait le montage du corps cylindrique et de cette plaque tubulaire puis on procède au traçage des 4 axes secondaires.

X

Z O T

Y

Fig. 67

Ces axes se tracent d'une façon très simple. Il suffit de mettre la première rangée des trous des tubes à fumée dans une position parfaitement horizontale, ce qui s'obtient au moyen d'un niveau.

Cela fait on partage la circonférence de la virole d'avant en 4 parties égales, en ayant soin que ZT soit parallèle à la première rangée de tubes supposée horizontale.

Il suffit pour avoir XY d'élever en O une perpendiculaire sur ZT (fig. 67).

Après avoir divisé en 4 parties égales le champ de la virole arrière, on obtient les points Z_1, T_1, X_1, Y_1 symétriques chacun à chacun des points XY, ZT.

On place une règle au point Z et on fait affleurer son extrémité au point Z_1. En plaçant un niveau sur cette règle on voit si la ligne ZZ_1 est horizontale. Si elle n'est pas horizontale on déplace légèrement le corps cylindrique et on vérifie avec le niveau si ZZ_1 est horizontale.

On obtient ainsi les 4 axes du corps cylindrique. Après avoir déterminé les dimensions de la boîte à feu et l'avoir tracée sur une tôle au moyen d'un gabarit on lui donne la forme voulue et on l'assemble avec le corps cylindrique. On met en place le foyer et la boîte à fumée; il reste à tracer les 4 axes principaux de la chaudière.

Sans entrer dans le détail des diverses opérations nécessaires nous dirons que l'on trace quatre axes qui doivent coïncider avec les quatre axes secondaires tracés sur le corps cylindrique.

On a ainsi les 4 axes principaux de la chaudière qui permettront de tracer les axes de toutes les pièces qui seront placées sur la chaudière.

Pour y arriver il faut remarquer que si les faces AB, CD étaient dans des plans parallèles, on pourrait, soit à partir de AB, soit à partir de CD, porter les longueurs sur les axes déjà tracés (axes principaux) et en élevant une perpendiculaire au point donné par la cote du dessin on aurait la position de l'axe cherché; mais comme il n'en est pas ainsi les axes ne seraient pas exactement placés. En effet (fig. 68) on voit que la cote d et la cote d_1 ne seraient pas égales entre elles, et par suite la cote réelle D différerait de d et de d_1.

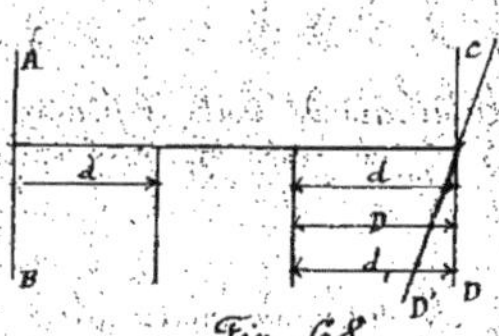

Fig. 68

Pour remédier au non-parallélisme des faces AB, CD on agit de la façon suivante. En un point donné I d'un des axes principaux on élève une perpendiculaire et à la cote déterminée n on élève par le point p une perpendiculaire sur l'axe principal. Cette dernière perpendiculaire est l'axe cherché.

Tubulure.

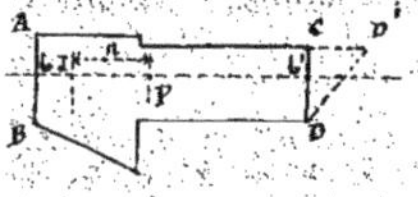

Fig. 69.

Les tubes que l'on place dans l'intérieur du corps cylindrique, doivent être préalablement essayés à la presse hydraulique pour s'assurer de leur étanchéité et de leur résistance. Ces tubes sont en laiton ; on a essayé d'employer des tubes en fer, mais on a dû y renoncer à cause de leur usure rapide.

Examinons comment on peut fixer un tube. Le tube étant convenablement préparé et coupé à la longueur voulue, c'est-à-dire à une longueur supérieure à la distance entre les deux plaques tubulaires de 8 ou 9 millimètres on le place dans l'intérieur de la chaudière de la façon indiquée par le croquis $ab = cd = 0^m,004$ (fig. 70). Pour établir le contact parfait entre le tube et la plaque tubulaire, on enfonce, aux deux extrémités A et B, des mandrins en acier de forme conique et on les fait pénétrer en même temps dans le tube à coups de marteau. Cela fait on rabat les bords ab, cd au marteau et on enfonce dans le tube, en général seulement du coté du foyer, une virolle qui fait saillie sur la plaque tubulaire pour permettre de l'enfoncer en cas de fuite. Pour que le mandrinage s'effectue sans secousse on emploie des mandrineurs à galets dont le premier type est celui de Dudjeon qui a été l'objet de nombreuses modifications. Aujourd'hui on emploie des coupes-tubes et des appareils pour rabattre les bords du tube, ce qui permet de mettre très promptement un tube en place.

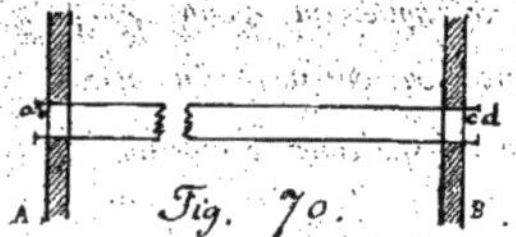

Fig. 70.

Joints.

Pour préparer un joint on peut procéder de la façon suivante : frotter légèrement d'huile la partie abc figure 71 ; puis la remplir de minium que l'on fait bien coller sur le métal. Cela fait, on prépare une tresse qui enveloppe la partie AB et que l'on place autour de AB de manière à ce qu'elle soit noyée dans le minium fig. 72

On ramène le minium autour de la tresse et on lisse la surface ainsi obtenue avec un peu d'huile. Si le joint a déjà servi et que la partie soit intacte, on la frotte avec un peu d'huile et on ajoute du minium.

Fig. 72.

Lorsqu'un mécanicien démonte les joints d'une chaudière il doit préalablement marquer des points de repère pour ne pas tâtonner dans la mise en place.

Fig. 71.

Le mastic connu sous le nom de minium est composé de minium et de blanc de céruse.

Pour les joints d'une grande étendue tels que ceux de couvercle de boite à vapeur, on peut employer un cadre de laiton dont la section est représentée par le croquis suivant fig. 73.

Cette rigole est en général remplie de minium. Le système de joints a donné d'excellents résultats.

Fig. 73.

Lorsqu'un joint d'autoclave perd légèrement on peut y obvier en enfonçant dans la fissure un morceau d'ardoise.

Montage.

Les pièces fabriquées à la forge vont au traçage ; à cet effet on les enduit de blanc et le traceur détermine, au moyen d'une pointe, les dimensions exactes à leur donner d'après les cotes du dessin. Il marque au pointeau le contour de la pièce ainsi tracée et l'envoie aux machines outils pour enlever le métal qui est en trop.

Toutes les pièces d'une machine étant terminées, voici dans quel ordre on peut faire le montage.

Les longerons étant placés sur des tréteaux on trace les axes des différentes pièces qui y seront fixées.

On rapporte les diffentes pièces qui doivent être rivées sur les longerons en ayant soin de faire coïncider leurs axes avec les axes déjà tracés.

On assemble le châssis en ayant soin que les longerons soient rigoureusement parallèles entre eux. Pour faciliter le montage on monte les guides de boîtes à huile. Il faut s'assurer que les faces qui reçoivent les joues de boîtes à huile sont parfaitement parallèles entre elles. Après l'assemblage de ces pièces on monte les ressorts.

On passe ensuite au montage des cylindres. Pour cette opération nous supposerons que les cylindres ont été présentés pour fixer exactement l'emplacement des trous des boulons de fixation. On met les cylindres et les glissières en place ce qui se fait de la manière suivante : on place un niveau dans l'intérieur du cylindre et on repère la bulle puis on porte le niveau sur la glissière inférieure et on fait varier la glissière jusqu'à ce que la bulle soit revenue à la première position. Cette opération a pour but de rendre les glissières parallèles à l'axe du cylindre. On place ensuite les pistons dans les cylindres, puis on monte les tiroirs au moyen de faux cadres munis de tiges filetées qui permettent le réglage.

Après avoir fait ajuster les coussinets de boîtes à huile sur les fusées on met le chassis sur roues.

Suivant le type de machine on place toutes les roues à la fois, ou seulement une certaine partie.

Cela fait on monte la distribution, les bielles et alors on peut mettre la chaudière sur le chassis.

Le montage se termine par la mise en place de la culotte de prise de vapeur, de l'échappement, etc... etc...

Réglage d'une machine.

Pour bien régler une machine il suffit de connaître exactement la position occupée par les arêtes intérieures et extérieures du tiroir par rapport aux arêtes des lumières du cylindre relativement à la position du piston. On peut y parvenir graphiquement au moyen d'épure. Nous n'indiquerons qu'un procédé pratique.

Le réglage de la machine peut se faire dès que les roues motrices, les pistons et le mouvement sont en place ainsi que la bielle motrice.

Il est nécessaire que les bielles d'accouplement et les plateaux de boîtes à vapeur ne soient pas montés.

Le réglage se décompose en réglage proprement dit et graduation de la règle de changement de marche.

Réglage proprement dit.

On amène successivement le piston aux deux extrémités de sa course en faisant tourner la roue motrice et on marque sur les glissières, deux points de repère limitant cette course; on divise l'espace compris entre ces points de repère en dix parties égales. Ceci fait on fait tourner à nouveau la roue motrice pour amener la crosse du piston en regard de la division 8/10 soit à l'avant soit à l'arrière.

On amène alors, au moyen de la vis de changement de marche, le coulisseau dans la position convenable pour fermer exactement l'orifice correspondant.

Cela fait, on amène la crosse du piston aux 8/10 de l'autre extrémité de la course et on se rend compte si le tiroir ferme exactement l'autre orifice. S'il ne ferme pas ou s'il ferme trop on rallonge ou raccourcit la tige de tiroir de façon à ce que à desposition correspondantes de la course le recouvrement soit le même à l'avant à l'arrière.

Division de la règle de changement de marche.

On amène successivement la crosse du piston aux $\frac{1}{10}$, $\frac{2}{10}$, $\frac{3}{10}$ de la course et on fait varier la position du coulisseau de façon à fermer exactement l'orifice d'admission (fig. 74)

On obtient ainsi les différents points de la règle de changement de marche. Il ne reste plus qu'à faire graver cette dernière.

Fig. 74.

En général on ne s'occupe que du réglage de la marche avant. Cependant quand une machine est destinée à marcher soit en avant soit en arrière indistinctement on peut la régler dans les deux sens et prendre une moyenne.

Lavage.

Les chaudières des locomotives doivent être souvent lavées pour enlever les dépôts qui se sont formés pendant que la machine était en service.

Après avoir démonté les quatre joints de la boîte à feu et celui de la boîte à fumée, le mécanicien lance un jet d'eau dans la chaudière et détache avec une tringle les dépôts adhérents aux parois. Il doit continuer l'opération jusqu'à ce que l'eau sorte parfaitement claire.

Outre les joints déjà nommés la machine possède un grand joint placé sur le corps cylindrique ou robinet de vidange. C'est par ce dernier que l'on introduit l'eau dans la chaudière après avoir remis les joints en place ; il peut encore permettre au mécanicien d'enlever l'eau qui se trouverait en trop grande quantité dans la chaudière.

On doit attendre que la machine soit suffisamment refroidie pour vider la chaudière et ne procéder au lavage qu'après qu'elle est complètement froide.

Graissage.

Nous n'avons pas besoin de nous étendre sur l'importance du graissage des machines.

Pour que le débit de l'huile dans les graisseurs ne soit ni trop rapide ni trop lent, on emploie des mèches de coton. Pour être placé dans de bonnes conditions elles ne doivent être ni trop serrées, de manière à empêcher l'huile de passer, ni trop petites, car dans ce dernier cas l'huile du graisseur serait trop vite employée et il pourrait en résulter des chauffages. Une précaution à prendre pour les mèches neuves c'est de les imbiber d'huile avant de les placer.

Si le graissage des différentes pièces du mécanisme est important, il en est de même aussi pour les cylindres et les tiroirs. S'il n'est pas absolument nécessaire de graisser les tiroirs et les cylindres pendant que le régulateur est ouvert, il est de toute nécessité de le faire lorsque le régulateur est fermé car les surfaces frottantes deviennent très rapidement sèches.

Le plus simple des graisseurs est le graisseur à boules; R_1 et R_2 étant fermés et la boule A pleine d'huile, dès que le mécanicien a fermé le régulateur pour graisser, il n'a qu'à ouvrir le robinet R_2.

Fig. 75.

Ce système est incommode et dangereux car il faut pour graisser en temps opportun, que le mécanicien aille à l'avant de la machine pendant la marche. Un système qui a donné de bons résultats c'est le compresseur.

Le compresseur placé à la portée du mécanicien, se compose d'un cylindre dans lequel se meut un piston. A la partie inférieure se trouve un robinet à trois voies qui permet d'envoyer l'huile comprimée par le piston soit au tiroir de droite ou de gauche, soit enfin d'intercepter le passage de l'huile. Le piston du compresseur est mis en mouvement par le mécanicien au moyen d'une manivelle. Ce compresseur fonctionne bien à la condition que la machine soit toujours en service, s'il en est autrement le cuir du piston se détériore très vite. Il est évident que ce graisseur peut s'appliquer aussi au graissage des cylindres.

Graisseur Allemand figure 76.

L'huile placée en V est introduite par l'ouverture A après qu'on a eu soin de fermer R et r.

Si l'on ouvre r, A étant fermé et R ouvert la vapeur refoule l'huile qui s'écoule par C D.

Graisseur Consolin.

Fig. 76.

Dans ce graisseur, (figure 77) la vapeur de la chaudière condensée dans un serpentin arrive en D et soulève l'huile qui passe par le robinet C.

F G tube indiquant le niveau de l'huile, E robinet servant à faire écouler l'eau de condensation.

Comme nous supposons la prise de vapeur sur la chaudière l'appareil devra graisser, que le régulateur soit ouvert ou fermé.

Pour remplir d'huile le vase B le mécanicien ferme C et D, dévisse A et ouvre E; l'eau s'écoule, il peut ensuite remplir d'huile le vase B.

Graisseur Rollin.

Fig. 77.

Il se compose figure 78 d'un réservoir B rempli d'huile dans lequel se trouve une cavité A. Une mèche plongeant dans l'huile de B permet à cette dernière de passer dans A. Un système de soupape empêche l'huile de A d'aller dans le cylindre pendant que le régulateur est ouvert, mais dès qu'on le ferme la soupape s'abaisse et l'huile pénètre dans le cylindre. Ce genre de graisseur a donné d'excellents résultats.

Fig. 78.

Fabrication de quelques pièces principales des machines locomotives.

Nous allons montrer par quelques exemples comment on peut arriver à donner aux pièces les formes exigées par le type de machine à construire. Il sera facile d'étendre ces exemples à d'autres cas.

Pour obtenir la masse de fer nécessaire à la fabrication d'une pièce on commence par former des paquets composés de fer cassé en morceaux de petite longueur. Pour la mise en paquet on emploie les pièces hors d'usage et l'on complète par du fer neuf. les paquets sont réunis au moyen de fil de fer et portés au four.

On les fait subir deux chaudes et à chaque sortie du four on les bat au marteau pilon de manière à avoir une masse bien homogène. On obtient un bloc de fer de dimension variable suivant les pièces que l'on veut faire.

Pour fabriquer une pièce, on commence par lui donner une forme générale puis au moyen de matrice on lui donne une forme plus approchée.

Fig. 79. Fig. 80

Fig. 81 Fig. 82

Supposons que l'on veuille faire une pièce de la forme ci-contre, figure 79, on prend un massiau de poids suffisant pour qu'il ne reste pas de matières après l'achèvement de la pièce. On soude au massiau un ringard pour que l'on puisse le remuer plus facilement. On l'étire à la dimension voulue; au moyen de dégorgeoir on donne à la pièce la forme ABC figure 80.

On perce autant de trous qu'il doit y avoir de branches, c'est-à-dire quatre dans le cas que nous examinons (a b c d) figure 81. On fend à la tranche comme l'indique la figure 82, puis on remet au four. Dès que la pièce est à la température voulue on ouvre les parties fendues et la pièce prend la forme du croquis ci-dessus, figure 79.

On remet au four, puis on passe la pièce à la matrice. En général deux matriçages suffisent; il ne reste plus qu'à ébarber la pièce.

Fabrication des essieux.

Les essieux droits ne présentent pas d'intérêt dans leur fabrication; on les fabrique comme les grosses pièces de forge.

Nous indiquerons très sommairement le procédé de fabrication des essieux coudés de M.rs Petin et Gaudet.

Après avoir obtenu le massiau nécessaire à la confection de l'essieu et lui avoir donné une forme cylindrique on lui fait subir trois matriçages différents.

Fig. 83. Fig. 84. Fig. 86 Fig. 85.

On place d'abord le massiau dans la matrice A qui donne une forme générale à la pièce (figure 83).

La pièce étant remise au four on remplace la matrice A par la matrice B (figure 84) qui représente exactement la forme à donner à l'essieu.

L'essieu ébauché CD est placé dans la matrice B fig. 84 ; en M et N on introduit deux cales de la forme de I et pour les faire pénétrer on place deux tasseaux G et H sous l'essieu CD. Dès que les parties M et N serrent les cales I on enlève les tasseaux H et G et on achève le matriçage de la pièce. Il reste à placer les coudes à angles droits ; pour y arriver on chauffe la pièce et en la plaçant dans des matrices disposées entre les coudes on peut donner à la pièce la forme définitive.

Fabrication des roues de locomotives.

Nous indiquerons seulement le principe du procédé Arbel.

Il consiste à fabriquer séparément les différentes parties d'une roue (jante, rayons, moyeu) et à monter la roue avec ces différentes pièces. Une fois cette opération exécutée, on chauffe fortement la roue dans un four spécial, puis on la place dans une matrice pour lui donner sa forme définitive.

L'opération nécessite deux matriçages.

Fabrication des bandages.

Nous indiquerons seulement le procédé de Monsieur Verdier de Firminy. Il consiste à prendre une bague d'acier ou de fer ; à l'enduire de borax, à la chauffer et à couler autour de l'acier fondu. Le borax sert à faire la soudure.

Ce procédé a donné de bons résultats tant au point de vue du prix de revient qu'au point de vue de la solidité.

Chapitre VI.

Idées générales sur la locomotive.

On peut donner la définition suivante d'une locomotive : c'est une machine à vapeur sans condensation à haute pression et à détente variable.

La chaudière est portée par un chassis horizontal qui est lui-même posé sur des essieux munis de roues. Le nombre des roues doit être au moins de quatre ; cependant pour éviter les graves accidents qui se produiraient dans ce cas par la rupture d'un essieu, on emploie six, huit et même dix roues. La chaudière est reliée au chassis par des supports. La chaleur faisant subir un accroissement de longueur à la chaudière il faut que les supports permettent un mouvement dans le sens longitudinal, ce qui s'obtient en fixant la chaudière d'une manière invariable aux longerons du côté de la boite à fumée ; les autres supports formant glissières, de cette façon la dilatation pourra se produire sans rencontrer de résistance.

La vapeur de la chaudière qui se trouve dans le dôme est envoyée au moyen d'un tuyau dans les cylindres. Un système de distribution la fait agir alternativement sur l'une ou l'autre face du piston.

A sa sortie des cylindres la vapeur passe dans un tube placé dans l'axe de la cheminée, ce qui permet d'obtenir un tirage puissant avec une cheminée de faible hauteur. L'axe de la cheminée coïncide avec l'eau de la tubulure.

Le mouvement de va et vient du piston est transmis à une bielle qui donne un mouvement de rotation à l'essieu moteur.

La position de l'essieu moteur n'est pas indifférente comme il est facile de s'en rendre compte.

On ne peut prendre l'essieu d'avant comme essieu moteur pour trois raisons :

1°. Il guide la machine

2°. Il est en général le moins chargé.

3°. Sa rupture occasionnerait des accidents très graves.

Pour les machines à six roues, l'essieu moteur est au milieu, dans le type Crampton, l'essieu moteur se trouve à l'arrière.

On sait que dans une machine locomotive la vitesse est proportionnelle au diamètre des roues ; cependant si on exagérait les diamètres il pourrait se produire souvent des déraillements et le volume des cylindres devrait être augmenté.

Aujourd'hui le diamètre des roues motrices, pour les machines express ne dépasse pas 2m. à 2m10. Les mouvements qu'une machine locomotive possède en marche portent différents noms suivant la position de l'axe autour duquel s'effectue le mouvement.

Si l'axe est transversal à la voie on a le mouvement de galop;

Si l'axe est parallèle à la voie, mouvement de roulis.

Si l'axe est vertical mouvement de lacet;

A ces trois mouvements il faut ajouter le mouvement de va et vient dans le sens du chemin que la machine parcourt c'est le tangage.

On obvie à ces mouvements et surtout au mouvement de lacet en plaçant dans les roues sur le prolongement de la manivelle des contre poids. Il est bien évident que les roues qui ne sont pas accouplées ni motrices, n'ont pas de contre-poids.

Examinons combien une machine locomotive peut avoir de cylindres.

Un seul cylindre placé dans l'axe de la machine, ne permet pas à la locomotive de démarrer seule ; de plus les dimensions de ce cylindre unique devant être très grandes il en résulterait une disposition défavorable.

Deux cylindres placés, soit à l'extérieur, soit à l'intérieur des longerons dans une position symétrique par rapport à l'axe du chassis, permettent le démarrage si la disposition adoptée est telle que l'un des pistons soit à l'extrémité de sa course, lorsque l'autre est au milieu ; de cette disposition, qui est la plus employée, il résulte les mouvements indiqués plus haut.

Pour les atténuer on a employé trois cylindres, deux de chaque côté et un dans l'axe de la machine. Le piston de ce dernier a un mouvement inverse des deux autres. Ce système est peu usité.

On a employé jusqu'à quatre cylindres, deux à l'avant, deux à l'arrière. Dans ce système on a deux mécanismes distincts pour une même chaudière.

Lorsque la machine a deux cylindres ils peuvent être extérieurs ou intérieurs par rapport aux longerons.

Lorsque l'on emploie des cylindres intérieurs, il faut se servir d'essieux moteurs coudés, qui ont l'inconvénient d'être d'une fabrication difficile et de se casser souvent ; de plus leur entretien exige beaucoup de soin. Dans les cylindres extérieurs, ces inconvénients n'existent pas.

Le châssis est formé par deux longerons maintenus rigoureusement parallèles par des traverses. Le châssis transmet, au moyen de ressorts, le poids de la machine aux fusées des essieux qui sont enfermées dans des boîtes à huile empêchant le grippage et adoucissant le frottement.

Les ressorts employés pour les machines locomotives se composent de feuilles d'acier qui vont toujours en diminuant de longueur à partir de la première qui porte le nom de maîtresse lame. Les lames superposées qui forment un ressort sont ordinairement réunies par un rivet et placées dans une bride ; de plus chaque lame porte une petite entaille qui s'adapte à un petit taquet placé sur la lame supérieure.

Chaque ressort est soumis à deux genres d'épreuve qui donnent des garanties sur sa solidité. La première épreuve consiste à charger le ressort d'un poids déterminé ; ce poids étant placé en son milieu. La seconde à faire subir au ressort une série d'oscillations au moyen d'un poids moindre que dans la première épreuve. Dans tous les cas le ressort doit reprendre exactement sa flèche primitive.

On peut, pour équilibrer la charge sur deux essieux, se servir de balancier relié au ressort de suspension par deux bielles. Cette disposition a été adoptée pour les machines à grande vitesse récemment construites par la compagnie P.L.M.

Lorsqu'on a terminé la construction d'une machine ou qu'on y a fait une réparation importante on la met sur une bascule spéciale pour régler le poids que chaque paire de roues doit porter.

Un essieu se compose de différentes parties que nous allons étudier.

La fusée est la partie qui tourne dans le coussinet. Cette pièce, supportant par l'intermédiaire des ressorts une partie du poids de la machine doit être travaillée avec beaucoup de soin et le métal employé exempt de toutes espèces de défauts. Leur dimension varie avec le poids de la machine.

La partie de l'essieu où est fixée la roue, se nomme la portée de calage. Elle doit être tournée exactement aux dimensions prescrites ; de plus on y pratique une rainure dans laquelle on placera une cale lorsque la roue sera en place.

Enfin l'essieu se compose d'une partie droite ou de deux parties coudées suivant le type de machine.

Les roues des locomotives doivent remplir les conditions suivantes :

1° Être suffisamment résistantes pour supporter une fraction du poids de la machine.

2° Résister à la force centrifuge qui se développe par suite de la rotation.

3° Résister aux chocs transversaux résultant des perturbations de la machine en marche.

4° Résister à l'action de l'air.

Une roue se compose d'un moyeu et d'une jante réunis par des bras ou un disque plein ; la première disposition donne de bons résultats au point de vue de l'élasticité, la seconde au point de vue de la résistance de l'air.

Le moyeu est traversé par une rainure égale à celle de la portée de calage.

L'essieu est fixé à la roue au moyen d'une pression énergique qui permet à la portée de calage de pénétrer dans le moyeu. On enfonce après le montage de la roue sur l'essieu une cale dans la cavité formée par la rainure du moyeu et celle de la portée de calage.

Les roues motrices et les roues accouplées sont munies de contre-poids dont la forme est variable fig. 87 et 88.

Fig. 87

Fig 88.

Pour que la roue puisse rester sur le rail on la munit d'un bandage composé d'une bande de fer ou d'acier de forme circulaire.

Le bandage ayant été préparé pour recevoir la jante de la roue, on le fixe de la manière suivante : On chauffe le bandage à la température voulue (au rouge brun pour le fer, au bleu pour l'acier).

On place la roue dans l'intérieur ce qui ne pourrait se faire si le bandage ne s'était dilaté par la chaleur ; on règle la position de la jante par rapport au bandage et l'on plonge le tout dans une cuve remplie d'eau. Le retrait fait serrer le bandage. Cette opération porte le nom d'embattage. On tourne ensuite le bandage et on perce des trous pour mettre des rivets qui assurent la liaison avec la jante.

Pour guider les boites à graisse et assurer leur mouvement vertical dans les ouvertures pratiquées à cet effet dans les longerons, on emploie des plaques de garde et des équerres en fer parfaitement dressées. Certaines machines possèdent des coins de rattrapage qui permettent de faire cesser le jeu qui se produit.

Nous ne voulons pas décrire les boites à graisse ; nous dirons seulement qu'elles se composent de différentes parties ; la boite proprement dite qui doit avoir ses faces latérales parfaitement dressées pour qu'elle puisse se mouvoir dans les guides de plaques de garde. Le coussinet, percé de trous, pour permettre le passage des matières grasses placées dans un réservoir supérieur.

Le dessous de boite, placé à la partie inférieure qui a pour but d'empêcher les corps étrangers d'arriver jusqu'à la fusée et de recueillir les matières grasses qui ne sont pas utilisées.

Les coussinets sont en bronze formé de cuivre rouge, d'étain et de zinc dans des proportions variant suivant les compagnies.

Pour les tuyaux on emploie le laiton qui est un alliage de cuivre et d'étain.

Autrefois on faisait les garnitures avec du chanvre, aujourd'hui pour les locomotives on emploie des garnitures métalliques, système Duterne. Le métal employé est composé de 76 parties de plomb, 14 d'étain 10 d'antimoine.

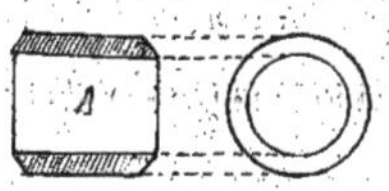

Fig. 89.

Ces garnitures ont la forme indiquée par le croquis fig. 89. et sont en une ou deux parties suivant le cas. La pièce A est maintenue d'un coté par une bague de fond s'adaptant exactement sur la garniture pour que la vapeur ne puisse passer; de l'autre côté par le presse garniture qui est muni d'un graisseur assurant le graissage de la tige qui traverse la garniture.

Le mécanicien devra s'assurer que le graissage se fait dans de bonnes conditions et serrer le presse-garniture légèrement de façon à ne pas comprimer la garniture métallique.

Tender.

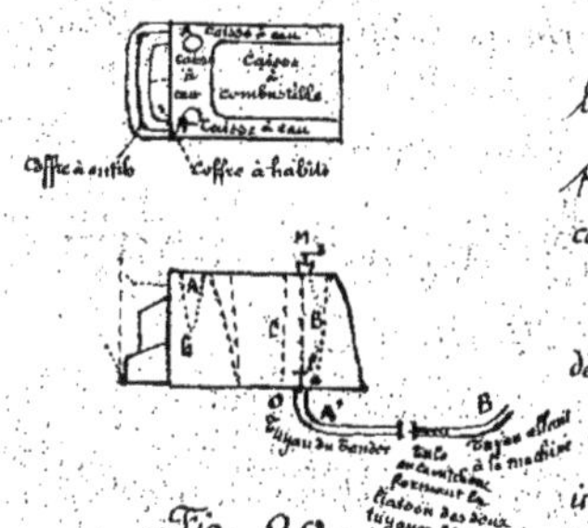

Fig. 90.

On nomme ainsi le véhicule qui se trouve attelé à la suite de la machine. Il se compose d'un chassis porté par quatre ou six roues sur lequel repose une caisse qui comprend deux parties.

La caisse à combustible au milieu et la caisse à eau de chaque coté.

A l'arrière on place deux caisses superposées. La caisse inférieure contient les outils nécessaires en cas d'avaries. L'autre divisé en deux compartiments permet au mécanicien et au chauffeur de placer leurs habits et leurs provisions.

Les caisses à eau communiquent au moyen de tuyaux réunis à l'appareil d'alimentation au moyen de tubes en caoutchouc. En A A se trouvent deux ouvertures qui permettent de remplir le tender d'eau; elles sont munies de grilles pour empêcher les corps étrangers de pénétrer dans le tender.

L'ouverture O est entourée d'un cylindre percé de trous ; il rempli le même but que la grille G. Lorsqu'on est obligé de séparer le tender de la machine par exemple lorsque l'on veut tourner la locomotive sur une plaque ordinaire on ferme la communication de l'eau avec le tuyau A' au moyen du clapet l qui se manœuvre à l'aide de la manivelle M.

Pour savoir quel est le niveau de l'eau dans le tender, on a adapté sur la caisse des robinets placés à différentes hauteurs.

Le tender est muni d'un frein que le chauffeur peut mettre en action lorsque le mécanicien le juge nécessaire.

La liaison du tender avec la machine se fait au moyen d'une barre d'attelage que l'on peut diminuer de longueur, ce qui permet de faire appuyer fortement les tampons du tender contre ceux de la machine. Outre la barre d'attelage il y a deux attaches de sûreté.

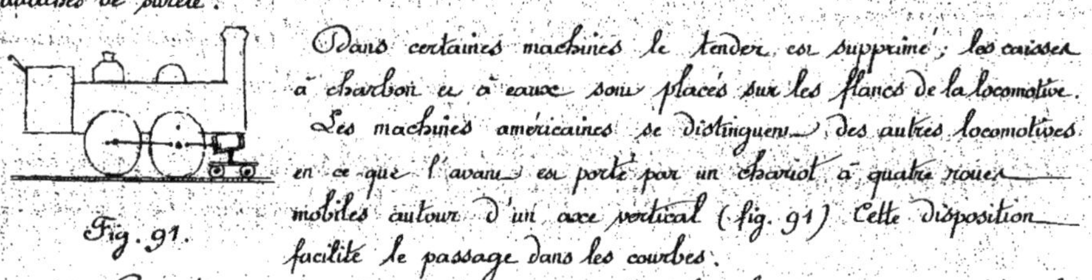

Fig. 91.

Dans certaines machines le tender est supprimé ; les caisses à charbon et à eaux sont placés sur les flancs de la locomotive.

Les machines américaines se distinguent des autres locomotives en ce que l'avant est porté par un chariot à quatre roues mobiles autour d'un axe vertical (fig. 91) Cette disposition facilité le passage dans les courbes.

Pour terminer nous dirons qu'en Amérique les abris, servant à protéger le mécanicien contre les intempéries, sont établis dans de meilleurs conditions qu'en France.

Chapitre VII.

Conduite de la machine en marche.

En général les agents qui conduisent une locomotive sont au nombre de deux : le mécanicien et le chauffeur.

Le mécanicien observe la voie, les signaux, il modère ou augmente la vitesse de la machine suivant qu'il le juge convenable, afin d'arriver dans les stations aux heures prescrites. Il ne doit jamais perdre de vue le manomètre et le tube de niveau d'eau. Le chauffeur dirige le feu et alimente la chaudière sous les ordres du mécanicien.

Préparation de la machine avant le départ.

Supposons qu'une machine ayant été arrêtée pour cause de lavage ou de réparation doive repartir.

D'après le type de la locomotive, on sait par expérience, le temps nécessaire pour la mettre en pression, et l'agent, chargé de ce service, doit avant tout s'assurer que la chaudière est remplie d'eau. Lorsque le feu est allumé et que la pression commence à monter il ferme les trappes et capuchonne, s'il y a lieu, c'est-à-dire ferme la partie supérieure de la cheminée au moyen d'un disque de tôle ; de cette façon le tirage se trouve supprimé en partie et la pression monte légèrement si le feu est bien allumé, et baisse dans le cas contraire.

A l'heure fixée par les règlements, le mécanicien et le chauffeur doivent être auprès de la machine.

Le chauffeur commence par enlever le capuchon de la cheminée, regarde le feu et ouvre les trappes.

Deux cas peuvent se présenter : Le charbon est en petite quantité et peu allumé, ou bien le charbon est en quantité suffisante et peu allumé. Dans le premier cas, le chauffeur ouvre le souffleur pour activer le tirage et met une couche légère de charbon cassé menu ; il regarde de temps en temps si le feu s'allume bien. Dès qu'il juge que l'allumage est suffisant il ajoute une nouvelle couche de charbon si la pression indiquée par le manomètre l'exige et ferme le souffleur. Il doit prendre les mesures nécessaires pour ne pas arriver avec un excès de pression en tête du train qu'il doit remorquer ; la vapeur qui s'échapperait par les soupapes n'étant d'aucune utilité.

Dans le deuxième cas le chauffeur n'a qu'à ouvrir le souffleur et à le fermer dès qu'il voit le combustible bien allumé.

Pendant que le chauffeur prépare le feu, le mécanicien graisse les différentes pièces de la machine et examine en même temps si rien n'est dérangé dans le mécanisme. Son attention doit se porter principalement sur les bielles, les tiges et crosses de piston, les barres et les colliers d'excentriques etc... Après avoir vérifié qu'il y a de l'eau dans le tender en quantité suffisante pour faire la route, il sort du dépôt.

Pendant la marche, c'est le mécanicien qui ouvre la porte du foyer, lorsqu'il juge nécessaire de mettre du combustible (Mise au feu).

Il indique aussi au chauffeur quand il faut alimenter la chaudière (C'est ce que l'on appelle faire de l'eau).

Pour mettre au feu dans de bonnes conditions il faut que les quatre angles et les côtés du foyer soient bien garnis de combustible et qu'il ne se trouve pas au milieu ni des amas de charbon, ni des trous par où l'air puisse pénétrer, car dans ce cas la mise au feu ne ferait pas monter la pression.

Quand en cours de route, le mécanicien ouvre la porte du foyer, le chauffeur doit, avant de mettre le combustible, regarder dans quel état se trouve le feu. A cet effet il peut se servir de sa pelle comme d'un écran, en la plaçant dans le foyer et en l'inclinant du côté où il veut regarder; s'il remarque des parties noires et d'autres incandescentes il doit mettre du combustible seulement sur les parties blanches car celui qui tomberait sur les parties noires n'entrerait pas en combustion.

On dit qu'un feu est propre lorsqu'il est clair et qu'il n'y a pas de machefers, ni de cendres qui gênent la combustion; dans le cas contraire on dit qu'il est sale.

Le chauffeur doit s'assurer que le combustible brûle bien également, certaines machines consommant plus d'un côté que de l'autre par suite du tirage inégal produit par l'échappement.

En marche pour activer le tirage, on peut se servir de l'échappement (il faut le faire le plus rarement possible) cependant quand une locomotive arrache le feu, c'est-à-dire enlève une partie du combustible et l'entraîne dans la boîte à fumée, on doit casser le combustible assez gros et éviter de serrer l'échappement. Si on effectue un long trajet, il arrive quelquefois que les tubes de la chaudière s'obstruent du côté du foyer, dans ce cas, il faut les déboucher en marche.

Préparation de la machine pour la rentrée au dépôt.

Lorsqu'une machine rentre au dépôt, il peut se présenter deux cas: elle doit être lavée ou réparée, ou bien repartir quelque temps après

Dans le premier cas le mécanicien commande dès qu'il est au dépôt de jeter le feu, c'est-à-dire qu'il fait sortir du foyer tout le combustible qui reste; il doit donc arriver à la station avec très peu de feu.

Dans le deuxième cas le mécanicien fait repousser tout le feu à l'avant, de façon à nettoyer la grille sur une certaine étendue; puis il fait ramener les morceaux de charbon allumés sur la partie nettoyée.

Le chauffeur ajoute ensuite du charbon frais sur le combustible allumé pour entretenir le feu, enfin il écarte sur le reste de la grille les cendres et les machefers pour que l'air froid ne pénètre pas brusquement sur les tubes de la chaudière.

En agissant ainsi, le chauffeur n'aura plus, au moment du départ, qu'à repousser les cendres et les mâchefers au fond du foyer, à les faire tomber en abaissant la grille mobile, à écarter le feu et à continuer la préparation comme on l'a expliqué.

Le mécanicien fait vider la boîte à fumée chaque fois qu'il le juge nécessaire, en général avant de rentrer au dépôt.

Lorsqu'une machine est remisée dans le dépôt ou qu'elle reste en stationnement quelque temps sur les voies, il est prudent de mettre la marche au point mort, de faire ouvrir les purgeurs, de serrer le frein du tender et de capuchonner. Avant de quitter sa machine le mécanicien doit en passer l'inspection.

Conduite de la machine en marche.

Il faut se guider sur le profil de la ligne, la charge à remorquer et la vitesse du train.

Trains rapides. Profil à peu près en palier, fig. 92.

Fig. 92.

Considérons un train à grande vitesse devant aller de A en B de B en C et de C en D; la distance CD étant plus grande que AC. Le mécanicien part de A en bon état, c'est-à-dire: pression au timbre de la machine, plein d'eau, feu propre et bien allumé. Il ne doit pas démarrer brusquement, sans cela il s'exposerait à un entraînement d'eau considérable. Dès que le train est démarré, il fait ouvrir les purgeurs et les fait refermer après quelques instants.

Après un certain nombre de tours de roues il tourne le volant de changement de marche de manière à marcher avec une détente aussi grande que possible (relever la marche) puis il ouvre complètement le régulateur.

Dans la pratique on relève la marche, d'abord d'une petite quantité et dès que la vitesse est acquise on la relève au point où elle doit se trouver d'habitude pendant la route.

Le mécanicien ne perd pas de vue le manomètre ni le tube de niveau d'eau et dès qu'il juge que l'endroit où il se trouve n'est pas éloigné d'une rampe, que le combustible, mis au feu précédemment, est brûlé en partie, ou que le manomètre lui indique une diminution de pression, il fait mettre du combustible; après quelques instants, nécessaires à la production de l'effet de la mise au feu, il fait faire de l'eau.

Le mécanicien devra, autant que possible, se conformer au principe suivant: mettre au feu pour gravir les rampes et profiter des déclivités pour alimenter.

Lorsqu'il sera près d'arriver en B il fermera le régulateur et ramènera la marche à la dernière division à l'avant si c'est en avant qu'il marche, puis il fera charger le feu, faire de l'eau et ouvrir le souffleur s'il le juge nécessaire ; il partira donc de B en bon état.

Pour éviter que la flamme sorte par la porte du foyer et brûle le chauffeur, le mécanicien fera mettre au feu, lorsque le régulateur est ouvert, ou bien ouvrir le souffleur dans le cas où le régulateur est fermé.

Voyons ce qu'il fera de B en C ; au départ, même recommandation que précédemment, mais en approchant de C, comme il sait qu'il a un long trajet à parcourir sans arrêt, il fera recharger entièrement le feu, puis lorsqu'il aura fermé le régulateur il fera faire de l'eau et ouvrir le souffleur si c'est nécessaire.

Arrivé en C il pourra profiter de l'arrêt pour passer une inspection rapide de la machine. Il ne faudrait pas charger le feu trop près de C car la couche de charbon n'aurait pas le temps de s'allumer et on repartirait en mauvais état.

Profil en rampe. Figure 93.

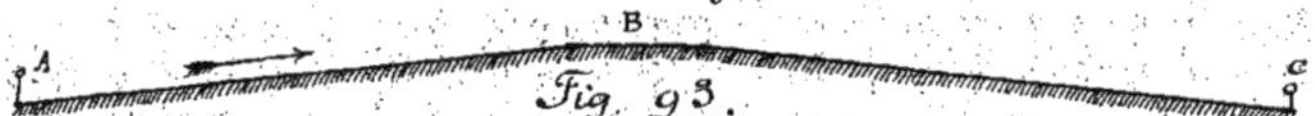

A B C

Fig. 93.

Considérons le profil ABC dans lequel AB est une longue rampe et BC une longue déclivité.

Le mécanicien devra avoir de l'eau et du feu en quantité suffisante pour mener le train à la vitesse réglementaire ; il dépensera beaucoup de combustible pour monter de A en B, les mises au feu seront fréquentes, et l'alimentation de la chaudière devra être faite toutes les fois que la pression le permettra. En approchant de B le chauffeur mettra du charbon seulement pour empêcher le feu de tomber. Dès que le mécanicien jugera qu'il est assez rapproché de B il fera faire de l'eau et à partir de B le train se trouvant sur une déclivité, il fermera le régulateur. Il est bon de ne pas perdre de vue le niveau de l'eau dans le tube car on s'exposerait à la descente à découvrir le ciel du foyer ; c'est pour cela qu'il est nécessaire d'alimenter un peu avant B. Si en arrivant en B on ne voyait pas l'eau dans le tube il serait prudent de ne pas fermer le régulateur de suite et d'attendre qu'elle reparaisse ; car lorsqu'on ferme l'admission de la vapeur, l'eau de la chaudière est projetée à l'avant de la machine. Profil accidenté. fig. 94.

A B C D E F G H

Fig. 94.

Si on a un profil accidenté dont les déclivités et les rampes ne sont pas longues il suffit de donner très peu de vapeur ; la vitesse acquise en descendant AB aide à gravir BC et ainsi de suite. Ces lignes sont surtout pour les trains de marchandises plus avantageuses que celles à longues rampes.

Trains Omnibus.

On devra suivre les mêmes règles dans la conduite des trains omnibus ; cependant les arrêts étant fréquents, il sera plus facile au mécanicien de se maintenir en bon état.

Trains de marchandises.

La conduite des trains rapides n'exige pas une connaissance aussi exacte du profil de la ligne que celle des trains de marchandises ; ces trains étant très-lourds, on ressent l'effet des moindres rampes et déclivités.

Dans les trains rapides les tampons des wagons étant fortement serrés les uns contre les autres, le train forme comme une seule masse ; pour démarrer le mécanicien devra enlever tout le train à la fois ; aux marchandises, au contraire, les attelages ne sont pas bien tendus et le démarrage doit se faire en quelque sorte wagon par wagon.

Pour les trains de marchandises, qui ne s'arrêtent pas à toutes les gares, le mécanicien devra profiter de chaque stationnement pour faire piquer le feu au chauffeur.

Cette opération consiste à passer un ringard de forme particulière, entre les barreaux de la grille pour faire tomber les cendres qui gênent la combustion. Le mécanicien devra autant que possible, arrêter la machine sur une fosse ; il facilitera ainsi le travail du chauffeur.

Cas d'un train qui vient de franchir une rampe.

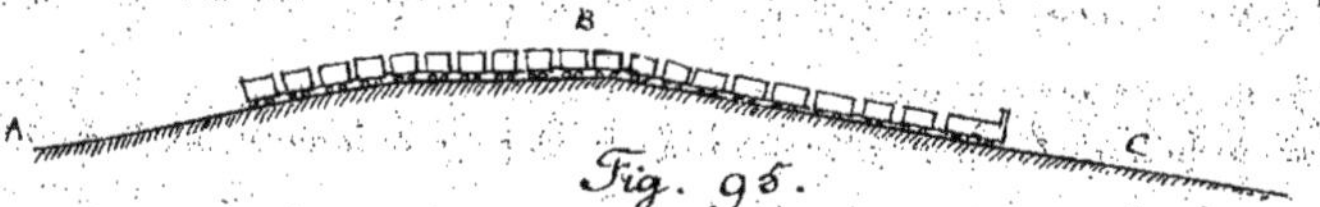

B

A C

Fig. 95.

Considérons le profil A B C, fig. 95, supposons que la machine ait dépassé le point B, le mécanicien ne devra fermer le régulateur qu'après que la plus grande partie du train sera dans la déclivité ; sans cela il s'exposerait à compromettre la marche par une rupture d'attelage.

Cas de l'arrêt en pleine rampe.

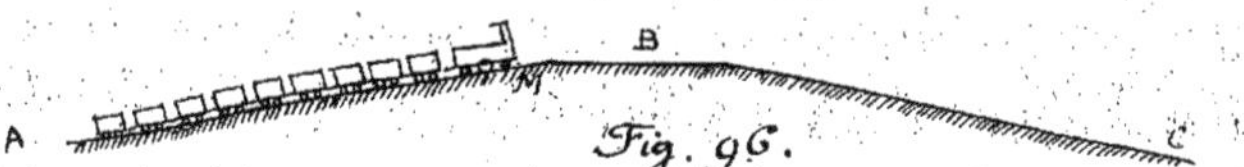

B

A C

Fig. 96.

Considérons le profil ABC, fig. 96, et supposons qu'en M, pour un motif quelconque, la machine patine et que le train s'arrête; il faut donc démarrer en pleine rampe. (On suppose une pression suffisante dans la chaudière). Pour démarrer, le mécanicien siffle au frein; à ce signal, l'agent, qui se trouve en queue, serre son frein de manière à ce que le train ne descende pas; il est facile de comprendre que les wagons se trouvent refoulés sur tampon. Le mécanicien siffle de nouveau pour faire desserrer et en même temps il ouvre le régulateur assez brusquement; une fois le train démarré il modère l'admission de vapeur pour éviter de trop fortes réactions dans les attelages.

Cas de la rupture d'un attelage.

Supposons fig. 97, que dans une rampe, un train se coupe en C par suite de la rupture d'un attelage. Dans ce cas le mécanicien s'arrête et siffle pour éveiller l'attention des agents du train. Dès que la partie B est arrêtée il redescend doucement pour rejoindre

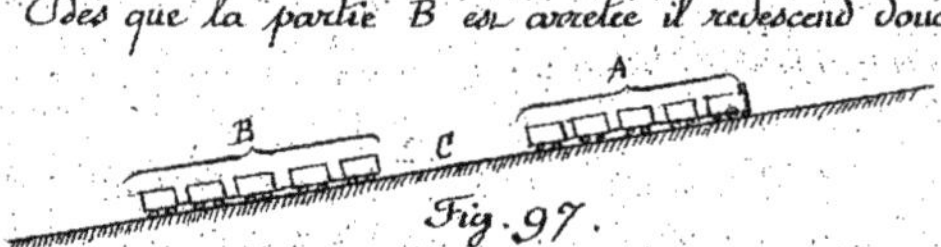

Fig. 97.

les deux parties du train et démarre comme on vient de l'indiquer dès que l'avarie est réparée.

Lorsque la machine patine, c'est-à-dire que les roues tournent sur place, le mécanicien relève brusquement la marche au point mort et la redescend ensuite lentement, pendant ce temps le chauffeur ouvre la sablière. On arrête ainsi le patinage. Il ne faudrait pas, dans ce cas, fermer ni rouvrir brusquement le régulateur; on s'exposerait à des ruptures d'attelages; si l'on touche au régulateur on doit le faire avec beaucoup de prudence. Le patinage se produit rarement aux trains rapides, il est au contraire très fréquent aux trains de marchandises.

Pour compléter les explications, sur la conduite des trains en marche, nous examinerons encore quelques questions.

Le mécanicien, qui est sur le point d'arriver à une station, doit prendre ses précautions pour ne pas entrer avec une grande vitesse en gare de manière à pouvoir s'arrêter au premier signal qui lui sera fait; pour cela la connaissance de la ligne lui est indispensable pour fermer le régulateur en temps opportun. Il indique au chauffeur lorsqu'il doit serrer le frein du tender et doit rarement siffler au frein, à moins que la voie se trouve dans une trop forte déclivité. Si la machine est munie d'un frein manœuvré par le mécanicien, selon l'habitude qu'il a de l'appareil, il peut augmenter ou diminuer la vitesse en entrant en gare.

Quelquefois dans les lignes accidentées, on emploie une machine pour pousser le train dans ce cas la locomotive n'est pas attachée au wagon de queue (Machine de renfort)

Après avoir franchi une rampe, le mécanicien, de la machine de queue, doit s'efforcer de ne pas cesser d'être en contact avec les wagons car le train, qui se trouve sur une déclivité va prendre une assez grande vitesse. Pour arriver à ce résultat, il doit toujours admettre un peu de vapeur, bien que le régulateur de la machine de tête soit fermé.

Pour terminer, disons que le mécanicien, qui conduit une machine isolée, doit redoubler d'attention et marcher aussi exactement que possible à la vitesse indiquée.

Chapitre VIII.

Avaries en cours de route.

Nous n'avons pas la prétention d'examiner tous les accidents qui peuvent arriver en cours de route; notre intention est d'indiquer les cas les plus fréquents et les moyens les plus prompts et les plus pratiques pour y remédier.

Dès qu'une avarie se produit à une machine en marche le mécanicien ne doit pas oublier que tous ses efforts doivent tendre vers un seul but: repartir le plus promptement possible pour laisser la voie libre et gagner la station la plus proche. En agissant ainsi les trains qui suivent n'auront pas de retard et le service ne sera pas entravé.

Aussitôt que la machine est avariée, un bon mécanicien doit se rendre compte, après un examen rapide, s'il peut faire les réparations nécessaires pour repartir ou s'il doit demander la réserve. On entend par réserve les machines qui sont dans chaque dépôt, prêtes à partir pour porter secours aux trains en détresse.

Nous diviserons les avaries en trois classes, savoir:

Avaries qui nécessitent la demande de la réserve.

Avaries qui peuvent être réparées sur place par le mécanicien.

Avaries qui demandent une attention soutenue pendant la marche, mais qui n'entraînent pas l'arrêt du train.

Avant d'entrer dans le détail de ces trois genres d'avaries; nous allons indiquer ce que l'on entend par paralyser le côté d'une machine locomotive et comment on doit agir dans ce cas.

Paralyser le côté d'une machine c'est empêcher la vapeur de faire mouvoir le piston dans le cylindre correspondant au côté considéré. Pour paralyser le côté d'une machine, dans le cas où le piston et le tiroir sont en bon état, il faut faire trois opérations, savoir:

1° rendre le piston libre en démontant la bielle motrice.

2° rendre le tiroir indépendant du mécanisme, ce qui s'obtient en démontant certaines pièces faciles à reconnaître suivant le type de coulisse employé.

3° pousser à fond de course à l'avant le piston et le tiroir et assurer leur position d'une façon invariable.

Il est facile de comprendre que lorsque le mécanicien ouvrira le régulateur, la vapeur pénétrera grâce à la position du tiroir dans le cylindre et tendra à fixer le piston dans la position où on l'a placé. Si les cylindres sont inclinés, on pousse le piston et le tiroir du côté le plus bas ; c'est le cas qui se présente pour les machines à cylindres intérieurs.

Mais souvent le piston ou le cylindre sont avariés (tige de piston cassée, plateau de cylindre enfoncé) dans ce cas il faut empêcher la vapeur de pénétrer dans le cylindre. On y parvient en mettant le tiroir au point mort, c'est-à-dire dans une position telle que la vapeur ne puisse pas pénétrer par les lumières d'admission, voici comment on procède dans ce cas : On démonte d'abord les pièces nécessaires pour rendre le tiroir libre, ce qui dépend du genre de coulisse adopté. Pour amener le tiroir au point mort, on peut procéder de deux manières différentes :

1° Examiner sur la tige du tiroir l'empreinte laissée par le frottement sur la garniture, en prendre le milieu que l'on marque par un trait, puis enfoncer la tige jusqu'à ce que le trait marqué affleure au bord de la garniture. On a ainsi placé le tiroir au point mort.

2° On peut encore opérer de la façon suivante : pousser le tiroir à fond dans un sens et marquer un trait sur la tige en face d'un repère fixe, puis le pousser à fond dans l'autre sens et marquer un second trait sur la tige en face du repère choisi. Partager la distance des deux traits sur la tige en deux parties égales et marquer d'un trait, puis pousser le tiroir jusqu'à ce que ce trait soit bien en face du repère choisi. Il est bien évident que l'on pourrait marquer seulement un trait sur la tige et prendre deux repères fixes ; C'est la distance entre ces deux repères qu'il faudrait diviser en deux parties égales.

On peut se baser aussi sur ce que les manivelles étant verticales le tiroir est au point mort ; dans ce cas les manivelles sont horizontales pour l'autre côté de la machine

Il est évident qu'on ne rend libre la tige du tiroir dans ce procédé qu'après qu'il est au point mort. On le fixe ensuite solidement dans cette position.

Pour s'assurer que le tiroir est au point mort, on se sert des purgeurs de cylindre. Pour y arriver, le mécanicien fait serrer le frein du tender et en ouvrant le régulateur regarde si la vapeur sort par les purgeurs du cylindre du coté avarié; il peut alors faire varier légèrement la position du tiroir dans un sens ou dans l'autre jusqu'à ce qu'il ne passe plus de vapeur et il fixe alors solidement le tiroir.

Avaries qui nécessitent la demande de la réserve.

Chaudière.

Toutes les fois que l'abaissement du niveau de l'eau dans la chaudière met à découvert le ciel du foyer ou que pour toute autre cause le plomb de l'écrou fusible est fondu le mécanicien doit faire jeter le feu et demander la réserve. Il en est de même s'il se produit des fuites considérables soit dans le foyer soit dans toute autre partie de la chaudière. Lorsque les deux soupapes de sûreté sont cassées, on doit jeter le feu et se faire remorquer.

Pour faire remorquer une machine dans de bonnes conditions, on démonte en attendant la réserve, les bielles motrices; si le temps manquait on devrait graisser soigneusement les cylindres pour éviter les grippages.

Si un tuyau de prise de vapeur crève le mécanicien demande la réserve s'il juge la fuite suffisante pour compromettre la marche du train.

Les essieux moteurs droits ou coudés peuvent casser.

Examinons le cas de la rupture d'un essieu coudé.

Dès que le mécanicien s'aperçoit de l'accident survenu à la machine, il arrête le train lentement, en évitant de faire serrer trop fortement les freins et surtout de renverser la marche, ce qui pourrait amener le faussage des longerons par suite de la rupture complète de l'essieu. Le train arrêté, le mécanicien demande la réserve, fait jeter le feu et prend aussitôt les dispositions nécessaires pour le remorquage se fasse dans de bonnes conditions. Pour cela on démonte les bielles et les colliers d'excentriques, on desserre les ressorts de suspension correspondant à l'essieu brisé de manière à soulever les roues motrices jusqu'à ce qu'elles ne soient plus en contact avec le rail. On cale les boîtes à graisse non seulement de l'essieu cassé mais encore des autres pour que l'accroissement de charge, supporté par les ressorts soit diminué.

Lorsque la machine est à cylindres extérieurs ce genre d'avaries est bien plus rare. S'il se produit on agit comme précédemment en ayant soin de ne démonter les colliers et les bielles qu'après avoir calé les essieux ; on agit ainsi pour que les pièces à démonter maintiennent les roues dans leur position pendant le calage.

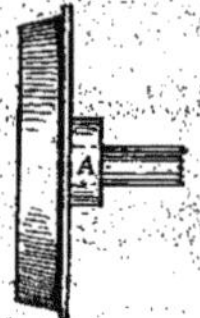

Si l'essieu, qui se rompt, n'est pas moteur, comme en général la rupture n'a lieu qu'en A, fig. 98, rien ne s'oppose, après avoir enlevé la roue, à ce que l'on continue le train jusqu'à la gare prochaine en marchant avec une extrême prudence.

A

Fig. 98

Si l'essieu avant ou arrière ne porte qu'un très faible poids on pourra desserrer les ressorts de manière à ce que les roues ne touchent pas le rail et marcher lentement jusqu'à la première station.

Si en cours de route, en passant l'inspection de la machine, le mécanicien remarque qu'un bandage est ébranlé il doit, s'il le juge nécessaire, demander la réserve et agir comme pour un essieu brisé.

Avaries qui peuvent être réparées sur place par le mécanicien

Rupture d'une bande de tiroir. – Dès que le mécanicien s'en aperçoit et qu'il ne se rend pas compte si c'est la bande avant ou arrière qui est cassée il procède de la façon suivante après l'arrêt du train. Nous supposerons que chaque cylindre a deux purgeurs. Après avoir mis la marche au point mort, fait serrer le frein du tender et ouvrir les purgeurs des cylindres, il ouvre le régulateur. Suivant que la vapeur s'échappera par le robinet d'avant ou d'arrière, il en conclura que c'est la bande avant ou arrière qui est brisée. Dans ce cas le mécanicien devra paralyser le côté correspondant au tiroir avarié comme nous l'avons indiqué dans la première méthode. Si les deux bandes du tiroir se brisent à la fois, ce qui provient de l'usure du tiroir, le mécanicien pourra continuer le train jusqu'à la prochaine station après avoir paralysé le côté comme nous l'avons indiqué.

Si une tige de tiroir vient à se rompre on doit paralyser le côté correspondant ; cependant si la rupture est dans un endroit favorable, on peut, si la tige possède un écrou de reglage, l'employer pour réunir les deux parties brisées.

Il arrive quelquefois que les cadres des tiroirs se brisent, on peut cependant continuer la marche, sauf si la cassure est telle que le tiroir ne puisse exécuter son mouvement de va et vient ; dans ce cas il faut paralyser le côté.

L'avarie la plus fréquente pour les cylindres est la rupture des plateaux qui peut provenir de la rupture d'une tige de piston, d'une bielle motrice, d'un tourillon moteur, etc. Dans ce cas on paralyse le côté comme nous l'avons indiqué en commençant. Il est bien évident que cet accident peut entraîner des dérangements dans toute la machine et que la demande de la réserve est quelquefois nécessaire, c'est au mécanicien à s'en rendre compte promptement.

Il peut arriver qu'un obstacle, placé sur la voie, brise un des purgeurs ou le mécanisme qui le fait manoeuvrer. Dans le premier cas on enfonce une cheville dans le trou laissé par la rupture du robinet; dans le second, à chaque stationnement, on manoeuvre les robinets en descendant de la machine. S'il se produit un fuite importante au piston le mécanicien pour s'assurer quel est le piston qui fuit, peut agir de la façon suivante: la marche étant à fond de course à l'avant ou à l'arrière et les purgeurs ouverts, si l'on voit la vapeur sortir par les deux robinets purgeurs d'un même cylindre, on en conclut que c'est le piston de ce côté qui est avarié.

(Les fuites à la boîte à vapeur sont continues, tandis qu'au piston elles sont discontinues).

Le chauffage d'une pièce du mécanisme se reconnaît facilement à l'odeur que l'huile répand en se carbonisant.

Lorsque le chauffage d'une pièce se produit en cours de route, le mécanicien, s'il le juge nécessaire, arrête le train, graisse soigneusement la pièce, examine s'il n'y a pas serrage excessif dans certaines parties et repart.

Si le chauffage continue, il devra faire jeter de l'eau froide sur la pièce en arrivant à une station où le train s'arrête. Le chauffage se produit surtout dans les bielles motrices et les bielles d'accouplement, les colliers d'excentrique, les boîtes à graisse; il a pour cause, soit le manque de graissage, soit le serrage exagéré de certains organes.

Si une bielle motrice vient à se rompre, on paralyse le côté correspondant à la pièce brisée, après avoir démonté cette dernière et on se rend avec un seul côté. La rupture de la bielle motrice peut entraîner la rupture des deux fonds de cylindres.

Lorsqu'une bielle d'accouplement se rompt, il faut avoir soin de la démonter ainsi que la bielle symétriquement placée de l'autre côté; faute de cette précaution on s'exposerait à la rupture de cette dernière.

Excentrique.

La rupture des colliers d'excentrique provient presque toujours de la perte ou de la rupture des boulons qui réunissent les deux parties de la pièce autour de la poulie.

Si le collier ou une des barres d'excentrique se rompt, l'avarie est plus ou moins grave comme nous allons le faire comprendre. Si le collier ou la barre d'excentrique de la marche avant se brise et que la machine marche en avant, on doit paralyser le côté correspondant et marcher avec un seul cylindre ; si au contraire c'est le collier ou la barre d'excentrique de la marche arrière qui soit avarié et que la machine marche en avant, on peut gagner une station peu éloignée en allant prudemment.

On doit paralyser le côté de la machine correspondant au décalage d'une poulie d'excentrique ou à la rupture d'un secteur. Lorsqu'on a perdu les boulons fixant les glissières à leur support et que l'endroit où l'on se trouve ne permet pas de s'en procurer, ou qu'une des glissières se rompt, dans ces deux cas, il faut paralyser le côté correspondant.

La coulisse étant manœuvrée par le volant de changement de marche, certaines de ses parties peuvent se rompre ; voyons ce qu'il en résulte au point de vue de la marche du train.

Il est évident que tout dépend de la coulisse employée ; aussi nous ne dirons que peu de mots sur ce sujet qui nous entraînerait trop loin dans les détails. Supposons que la partie E B se brise ; dans ce cas il faudrait demander la réserve, puisque le mécanicien ne pourrait plus se servir d'un des organes essentiels au réglage de la marche ; cependant certaines machines possèdent sur la barre de relevage un guide M qui est très utile dans ce cas, figure 99.

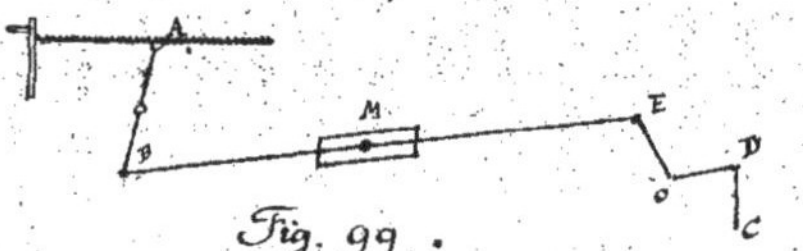

Fig. 99.

Après avoir arrêté la machine et avoir réglé la position de la barre de relevage de manière à pouvoir démarrer et remorquer le train dans de bonnes conditions, le mécanicien fixe solidement la barre de relevage dans le guide et peut ainsi continuer la conduite du train.

Si E B se rompait entre M et E, le mécanicien réglerait la position de A O de manière à pouvoir démarrer et remorquer le train ; puis tâcherait de rendre cette position fixe par le procédé qui lui paraîtrait le plus rationnel et qui dépend évidemment de la disposition adoptée.

Il est évident que si la coulisse présente la forme suivante (fig. 100) on peut placer dans son intérieur un morceau de bois solidement attaché ; le coulisseau restera donc dans la position où le mécanicien l'a placé (A ou A').

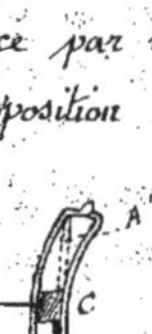

Fig. 100

Dès que le mécanicien s'aperçoit de la rupture d'un ressort, il arrête le train et cale la boîte à graisse correspondante au ressort rompu ; il reprend ensuite la marche en modérant la vitesse.

Lorsqu'un tourillon de bielle motrice casse, il en résulte souvent la rupture du fond du cylindre. Le mécanicien doit dans ce cas paralyser le côté correspondant et démonter les bielles d'accouplement. Si le tourillon qui se brise appartient à une bielle d'accouplement il faut les démonter toutes.

Avaries qui nécessitent une attention soutenue pendant la marche, mais qui n'entraînent pas l'arrêt du train.

Lorsqu'une entretoise du foyer se casse on continue jusqu'à ce qu'on arrive à une station où l'on s'arrête et on profite du stationnement pour la tamponner, c'est-à-dire pour enfoncer dans le trou percé dans l'axe, un morceau de fer.

Si la fuite provenait de la plaque tubulaire ou des faces du foyer et que le feu ne puisse pas être éteint, on doit continuer la route en marchant avec le plus d'eau possible dans la chaudière.

Lorsque les tubes perdent (ce qui provient en général de la négligence du chauffeur qui a laissé pénétrer de l'air froid dans le foyer en préparant le feu pour la rentrée au dépôt) on peut essayer de les tamponner avec un outil spécial.

Si un tube de la chaudière crève, il faut le tamponner à ses deux extrémités. Cette opération doit se faire pendant un arrêt et avec beaucoup de prudence, le tamponnage du tube à ses deux extrémités se fait avec des chevilles en fer.

Si on perd des barreaux de grilles pendant la marche, dès qu'on s'en aperçoit il faut ralentir la vitesse et essayer de chauffer avec de gros morceaux de combustible.

A la première station on arrange les barreaux de façon à diminuer la largeur des vides produits par ceux qui sont perdus.

Si la petite grille se déplaçait on pourrait la fixer en prenant un point d'appui sur le cendrier ou toute autre disposition facile à trouver.

Le cendrier doit être visité souvent; sans cela il pourrait tomber pendant la marche et entraîner de graves accidents.

Fuites extérieures.

Les fuites extérieures du corps cylindrique de la chaudière proviennent en général des rivets. Dès que le mécanicien s'aperçoit de ces fuites il doit redoubler d'attention pour s'assurer qu'elles n'augmentent pas, de façon à compromettre la marche de la machine.

Si une avarie survient à une des balances le mécanicien peut employer telle disposition qu'il jugera nécessaire pour empêcher de laisser sortir la vapeur pourvu que l'autre fonctionne toujours dans de bonnes conditions.

Si l'une des pièces qui commande le régulateur se bridait, le mécanicien devrait continuer le train en se servant du levier de changement de marche et redoubler d'attention en entrant en gare et se servir de la contre-vapeur pour s'arrêter.

Arrivé à la gare où le changement de machine doit s'effectuer, il doit laisser tomber la pression pour rentrer au dépôt.

Si le feu prend dans la boîte à fumée, le mécanicien doit, autant que possible, attendre l'arrêt à une station pour la faire vider.

Chapitre IX
Les Freins.

On comprend facilement qu'il faut pouvoir arrêter un train lancé à toute vitesse dans bien des cas; de là l'utilité des freins. Si on se contentait de fermer le régulateur, il se présenterait deux hypothèses: 1° le train se trouvant sur une voie en palier ou en rampe, suivant la vitesse, s'arrêterait après un temps plus ou moins long et l'on serait exposé à dépasser le point indiqué pour l'arrêt.

2° Le train se trouvant sur une déclivité, non seulement le fait de fermer le régulateur ne le ralentirait pas, mais encore la vitesse tendrait à s'accroître. Il faut donc que les agents qui conduisent les trains possèdent les moyens nécessaires pour modérer et même annuler la vitesse.

Les freins ordinaires ressemblent beaucoup à ceux employés pour les voitures sur les routes accidentées; les sabots du frein saisissent les roues il en résulte un frottement. Pour que les roues cessent de tourner il faut que la pression exercée par le frein, soit égale au poids du véhicule; on ne doit pas atteindre cette pression et rester un peu au-dessous pour permettre aux roues de tourner.

En agissant ainsi on évite l'usure du rail, de plus on répartit l'usure du bandage également sur tout le pourtour de la roue ce qui n'aurait pas lieu si les roues étaient enrayées, car il se produirait, sur la partie en contact avec le rail, une usure rapide; de là un méplat sur le bandage qui rend le roulement irrégulier.

Les freins ordinaires sont manoeuvrés soit au moyen d'une manivelle soit au moyen d'un volant.

Supposons que le train de voyageurs, que le mécanicien conduit, ne possède que trois freins savoir: celui du tender et ceux des wagons de tête et de queue. Dès qu'il le juge convenable, il ferme le régulateur et fait serrer par le chauffeur le frein du tender; après quelques instants s'il remarque que la vitesse ne décroit pas d'une façon suffisante il siffle au frein. A ce appel les agents placés dans les wagons de tête et de queue serrent les freins. Si le mécanicien s'aperçoit que le ralentissement est trop rapide il peut faire desserrer le frein du tender ou bien le laisser serré et siffler pour faire desserrer les freins des wagons.

Dans les trains très longs, comme les trains de marchandises, on emploie plusieurs serre freins ; pour en fixer le nombre on doit faire entrer en ligne de compte et le nombre de wagons et le profil de la ligne.

Contre vapeur.

La contre vapeur est basée sur ce fait connu depuis l'invention des machines locomotives que le renversement de la vapeur est un moyen puissant d'arrêt.

En effet, il est facile de comprendre que si l'on renverse la vapeur, c'est à dire qu'on la fasse agir en sens inverse du mouvement du piston, il se produira successivement trois effets : d'abord la machine ralentira sa vitesse, ensuite elle s'arrêtera et enfin marchera dans le sens contraire à celui qu'elle possédait avant le renversement de la vapeur. Théoriquement le renversement de la vapeur produit une force égale à l'effort de traction que la vapeur développerait en agissant dans le sens du mouvement en avant.

Examinons ce qui se passe quand on renverse la vapeur. Le sens dans lequel la vapeur pénètre dans le cylindre, étant inverse du mouvement du piston, il en résulte que ce dernier refoule la vapeur et aspire derrière lui l'atmosphère du tuyau d'échappement. La colonne d'échappement débouchant dans la cheminée contient des gaz à une haute température, de la vapeur, des escarbilles et des cendres.

Tous ces produits mêlés à la vapeur introduite par l'admission, au moment où le mouvement du piston va changer de sens, produisent le grippage des pistons et des tiroirs ainsi que la détérioration des joints ; en un mot la machine est bien vite hors de service.

Grâce à l'heureuse disposition de Monsieur Lechatelier la contre vapeur peut être employée sans inconvénient. Elle consiste à injecter dans le tuyau d'échappement un mélange d'eau et de vapeur ; c'est ce mélange que le piston aspire au refoulement et rejette ensuite. Pour se servir de la contre vapeur, il faut renverser la marche, c'est à dire passer de la position de marche avant à la position de marche arrière, ce qui se fait très facilement aujourd'hui avec le volant de changement de marche ; autrefois avec le levier cette manœuvre était non seulement pénible mais encore dangereuse.

Nous décrirons l'appareil à contre-vapeur employé à la Compagnie P.L.M.

Il consiste en une boîte en fonte nommée boîte de distribution qui se compose de trois parties. Deux des parties sont mises en communication, l'une avec la vapeur, l'autre avec l'eau de la chaudière ; des robinets de forme particulière permettent de faire passer l'eau et la vapeur suivant des proportions variables dans la troisième partie nommée boîte de mélange. Cette dernière est munie d'un tuyau terminé par deux branches permettant de faire pénétrer le mélange d'eau et de vapeur dans le tuyau d'échappement correspondant à chaque cylindre.

Lorsque le mécanicien voudra employer la contre vapeur il pourra agir de la façon suivante : laisser le régulateur ouvert, ramener la marche au point mort, ouvrir d'abord le robinet de prise d'eau et ensuite celui de vapeur, de manière que la proportion du mélange soit à peu près une partie d'eau pour trois de vapeur, ramener la marche à l'arrière jusqu'à la division convenable.

Pendant la marche à contre-vapeur, le mécanicien doit regarder souvent le manomètre pour se rendre compte des variations de pression.

Le mélange que l'on injecte dans le tuyau d'échappement, étant composé d'eau et de vapeur, on reconnaît que l'ouverture des robinets est bien réglée, lorsqu'on voit sortir à jets continus de la cheminée de la machine, une légère quantité de vapeur.

L'eau et la vapeur peuvent être en quantité insuffisante ou en trop grande quantité. L'insuffisance de l'eau injectée se reconnaît de deux manières :

1° Il ne sort pas d'eau de la cheminée.

2° Le manomètre indique que la pression monte dans la chaudière d'une façon très rapide ; le piston, les tiroirs peuvent se gripper et tous les inconvénients résultant du renversement de la vapeur peuvent se produire.

Si la quantité d'eau injectée est trop considérable, on s'en aperçoit à l'eau qui sort de la cheminée.

Si c'est la vapeur qui est en quantité insuffisante on ne voit pas sortir de vapeur par la cheminée, ou il en sort d'une façon discontinue ; la pression augmente dans la chaudière et l'injecteur s'arrête, s'il fonctionnait, et ne peut s'amorcer, si on veut alimenter.

Il arrive quelquefois que la machine patine en arrière ; ce fait provient de ce que la réaction de la vapeur est supérieure à l'adhérence de la machine. Dans ce cas le mécanicien doit fermer le régulateur et dès que le patinage a cessé, il doit rouvrir l'admission de vapeur et la régler de manière à éviter le retour du patinage.

Il arrive quelquefois, dans la marche à contre-vapeur, que l'injecteur cesse de fonctionner, ou ne peut être amorcé ; dans ce cas, le mécanicien doit relever la marche près du point mort et prendre les mesures nécessaires pour qu'il n'en résulte pas une augmentation de vitesse pour le train. Si, malgré cette précaution, l'injecteur ne pouvait fonctionner, il faudrait ouvrir le souffleur pour donner passage aux gaz provenant de la combustion. Il faut éviter de graisser les cylindres et les tiroirs au moment d'employer la contre-vapeur ; il en résulterait dans la chaudière un soulèvement d'eau produit par la présence des matières grasses et le niveau de l'eau ne serait pas indiqué exactement par le tube à niveau d'eau ; ce qui pourrait entraîner de graves inconvénients.

Le mécanicien a donc à sa disposition, pour arrêter le train : la contre-vapeur, le frein du tender et les freins manœuvrés par les agents placés dans les voitures.

Pour la contre-vapeur et le frein du tender, il peut s'en servir quand il le juge nécessaire, mais pour les autres il arrive quelquefois que les agents ne sont pas à leur poste, lorsqu'il demande les freins et il peut en résulter en cas de danger, l'impossibilité pour le mécanicien de se rendre maître de la vitesse du train.

On a donc cherché à inventer des freins qui, placés sous la main du mécanicien, puissent être mis en action facilement, chaque fois qu'il le juge nécessaire, et qui transmettent, suivant les cas, leur action à toutes les voitures du train avec plus ou moins d'énergie.

Frein Guérin.

Monsieur Guérin a fait expérimenter à la Cie d'Orléans, un frein de son invention ; les résultats ont été satisfaisants.

Le principe de ce frein est le suivant : lorsque le mécanicien veut ralentir, il ferme le régulateur et fait serrer le frein du tender ; il en résulte un certain ralentissement de la tête du train et par suite une pression des tampons des wagons les uns contre les autres. Dans le frein Guérin le serrage est obtenu par le mouvement des tiges des ressorts de choc. Donc chaque fois qu'il y aura pression des tampons les uns contre les autres, il y aura serrage des freins placés sous chaque voiture. L'objection qui vient naturellement à l'esprit, c'est qu'avec un pareil système on ne pourra refouler le train, car en allant en arrière, les tampons agiront les uns sur les autres et feront serrer les freins. L'inventeur y a remédié en remarquant que les refoulements se font à des vitesses inférieures à 15 kilomètres tandis qu'en cours de route au moment de ralentir la vitesse est toujours très grande. La disposition adoptée ne permet pas aux tiges de choc d'agir pour actionner les freins à une vitesse inférieure à 15 kilomètres. Pour faire cesser l'action des freins il faut un effort de traction en avant.

Freins Westinghouse modifiés, employés par la compagnie P.L.M.

Légende des croquis (Fig. 101)

AB tuyau menant dans les réservoirs C, C, l'air comprimé par la pompe ;

ED tuyau mettant les deux réservoirs principaux en communication ;

F robinet permettant d'interrompre la communication des réservoirs C avec la conduite modérable ;

GHMNOPQ conduite du frein modérable ;

R robinet permettant d'interrompre la communication des réservoirs C, C, avec la conduite automatique ;

STLU conduite du frein automatique ;

H robinet de manoeuvre du frein modérable ; *

m n conduite branchée sur celle du frein modérable et allant au manomètre I ;

l p conduite branchée sur celle du frein automatique allant au manomètre K ;

Y triple valve ;

X double valve ;

Z réservoir auxiliaire ;

o f conduite réunissant la double valve à la conduite du frein modérable ;

x valve de relâchement des freins de fil de fer servant à faire manoeuvrer la valve x ;

x y conduite reliant les pièces X, Y, Z, x au cylindre à frein ;

Z, cylindre à frein ;

ab, ab tige de fer reliant les pistons du cylindre à frein à la timonerie des freins ;

g h conduite réunissant la triple valve à la conduite automatique ;

i robinet servant à isoler la conduite automatique à la triple valve ;

g poche de vidange (n'existe que sur le tender ;

V robinet d'arrêt de la conduite automatique.

Conduite du frein modérable - - - - -
Conduite du frein automatique ———
Conduites diverses — · — · — · —

Fig. 101.

*L robinet de manoeuvre du frein automatique

Principe du frein.

Sur la locomotive se trouve une pompe mise en mouvement par la vapeur de la chaudière. Cette pompe comprime de l'air dans des réservoirs qui communiquent à deux conduites, dont l'une sert au frein automatique, l'autre au frein modérable. Le mécanicien a sous la main deux robinets de manœuvre ; l'un L pour le frein automatique, l'autre H pour le frein modérable.

Frein automatique.

La conduite automatique RSLTUV, commandée par le robinet L, est mise en communication avec le réservoir auxiliaire Z et avec le cylindre à frein Z, au moyen de la triple valve Y. Voyons ce qui va se passer, lorsque le mécanicien place le robinet L dans une position telle que la conduite automatique soit en communication avec les réservoirs C, C ; dans ce cas la triple valve va agir de trois façons différentes :

1° Elle permettra à l'air comprimé de pénétrer dans le réservoir Z.

2° Elle empêchera l'air comprimé de s'introduire dans le cylindre à frein Z_1.

3° Elle laissera l'air comprimé qui se trouve dans le cylindre à frein s'échapper dans l'atmosphère, les freins seront donc desserrés.

Examinons maintenant ce qu'il va arriver si le mécanicien, au moyen du robinet L, met la conduite automatique en communication avec l'atmosphère.

Dans ce cas la triple valve Y fait communiquer le cylindre auxiliaire Z avec le cylindre à frein Z_1 ; l'air comprimé, agissant sur les pistons du cylindre à frein, produit le serrage. Si le mécanicien met le robinet L dans la position indiquée précédemment, le frein se desserre ; c'est-à-dire que le cylindre à frein est mis en communication avec l'atmosphère et le réservoir auxiliaire se remplit à nouveau d'air comprimé.

Manœuvre du robinet L (figure 102). Dans la position OA (première position) le robinet permet un desserrage rapide des freins.

Fig. 102.

Dans la position OB (deuxième position), le robinet est placé de manière à maintenir dans les réservoirs C.C une pression supérieure de 3 kilogrammes à celle qui existe dans la conduite automatique. Cette différence de 3 kilogrammes est nécessaire pour permettre le mouvement de la triple valve ; ce résultat est obtenu au moyen d'un ressort placé sur l'une des soupapes du robinet de manœuvre L. C'est dans cette position que le mécanicien doit placer le robinet L lorsqu'il est en marche.

Dans la position OC (Troisième position) le robinet ne permet pas à la conduite principale de communiquer avec les réservoirs C, C.

Dans la position OD (quatrième position) il se produit une dépression dans la conduite principale et par suite il y a serrage.

On a placé dans les vigies des wagons des conducteurs, des robinets qui leur permettent de produire la dépression dans la conduite automatique et de faire serrer les freins.

Frein modérable.

La conduite modérable GHMNOPQ est commandée par le robinet H à la portée du mécanicien ; ce qui lui permet d'introduire dans cette conduite et par suite dans le cylindre à frein, de l'air comprimé à la pression qu'il juge convenable et d'obtenir un serrage gradué. Dès qu'il veut faire cesser l'action des freins, il tourne le robinet H et vide la conduite modérable. Le frein modérable est donc desserré lorsque la conduite est vide.

Les deux freins automatiques et modérables sont rendus indépendants l'un de l'autre au moyen de la double valve.

Lorsqu'en cours de route, un serrage intempestif se produit au frein automatique, le mécanicien peut annuler ce frein en agissant de la façon suivante : serrer le frein modérable, ce qui a pour effet de vider les réservoirs auxiliaires, puis desserrer le modérable et repartir.

Cependant l'emploi du frein modérable exige certaines précautions qu'il est utile de connaître. Lorsqu'on veut obtenir un serrage avec une pression de 1/4 de kilogramme, par exemple il faut d'abord serrer à une pression supérieure à celle-ci, puis après quelques secondes desserrer le frein jusqu'à ce que le manomètre J marque $\frac{1}{4}$ de kilogramme. Faute de cette précaution on n'aurait aucun serrage, car la pression de $\frac{1}{4}$ de kilogramme ne permet pas le mouvement des pistons du cylindre à frein.

Les mécaniciens ne doivent pas manœuvrer trop brusquement le frein modérable pour obtenir un serrage énergique ; les freins agissant très-inégalement il en résulterait de très fortes réactions qui pourraient entraîner de graves inconvénients.

Lorsqu'on approche du point où le train doit s'arrêter, après avoir fermé le régulateur, le mécanicien pourra obtenir un arrêt sans secousse avec le frein automatique, en agissant de la façon suivante : manœuvrer le robinet L de manière à produire une légère dépression dans la conduite ; ce qu'il est facile d'obtenir en regardant le manomètre K ; après quelques instants, si la vitesse n'a pas diminué suffisamment, augmenter la dépression et ainsi de suite, de façon à ce que la vitesse soit assez faible pour qu'au signal d'arrêt le mécanicien n'ait plus qu'à serrer plus énergiquement les freins. Dès qu'il s'apercevra que la machine est sur le point de s'arrêter, il ramènera vivement le robinet L dans la première position.

Il est bien évident qu'en cas de danger le robinet L doit être placé immédiatement à la quatrième position, c'est-à-dire à celle qui correspond au serrage le plus énergique.

Avec ce frein et ceux du même genre, un mécanicien prudent marchera toujours avec une quantité d'eau suffisante pour que si un arrêt intempestif se produit sur n'importe quel point de la ligne, le ciel du foyer ne soit pas découvert.

Outre le frein Westinghouse on se sert encore en France d'un frein à air comprimé inventé par Monsieur Wenger. Ce frein, dont les dispositions se rapprochent du frein Westinghouse, est employé dans la compagnie d'Orléans et en Suisse.

Frein à vide.

Dans ce système on produit le serrage en raréfiant l'air contenu dans une conduite qui passe sous tous les wagons du train. La raréfaction de l'air est obtenue au moyen d'un éjecteur.

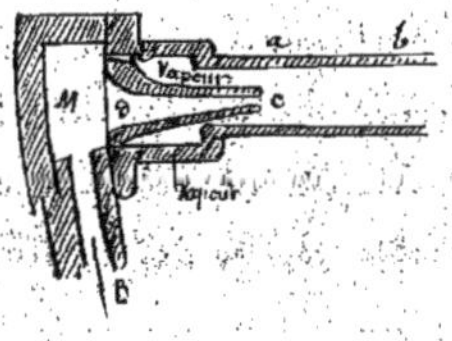

L'éjecteur (fig. 103) se compose de deux tubes ab et cd; la vapeur arrive par l'espace annulaire M; il se produit un entraînement de l'air qui se trouve dans la conduite B.

Fig. 103.

Frein à vide, système Smith.

La conduite placée sous le train communique avec des sacs en caoutchouc munis de plateaux métalliques reliés à la timonerie du frein.

Lorsque le vide se produit, la pression de l'air extérieur agissant sur ces sacs, il en résulte un mouvement des plateaux qui se transmet aux tiges qui commandent les freins. Dès qu'on rétablit la pression atmosphérique dans la conduite les freins se desserrent.

Monsieur Eames a perfectionné le frein à vide en employant deux conduites et deux éjecteurs. Un robinet de manoeuvre placé à la portée du mécanicien permet la manoeuvre du frein.

On a cherché à employer l'eau pour remplacer l'air, ce procédé n'a pas réussi car le serrage se fait d'une façon trop brusque.

Jusqu'à ce jour les expériences relatives au frein électrique n'ont pas donné de résultats satisfaisants.

H. Daviot.

Table des Matières

Historique de la locomotive.

Chapitre Ier.

Chapitre II.

La voie au point de vue de la traction.

Application de ces formules à un exemple numérique. — Relation entre la vitesse et la charge à remorquer. — Exemple numérique. — Conclusion.

Chapitre III.
Chaudière.

Formule donnant l'épaisseur des tôles des chaudières. — Épreuve des chaudières. — Différentes parties dont se compose une chaudière de locomotive. — Boîte à feu. — Foyer. — Ciel de foyer. — Mode de suspension du ciel de foyer. — Grille. — Cendrier. — Foyer Belpaire. — Foyer Tenbrinck. — Avantage de ce foyer. — Disposition de Monsieur Palarot. — Système Jenkins. — Système Lees. — Fumivore Thierry. — Chauffage au pétrole. — Corps cylindrique de la chaudière. — Emplacement du dôme. — Entraînement de l'eau. — Tube de Stephenson. — Régulateur. — Boîte à fumée. — Son but. — Alimentation des chaudières. — Pompes. — Injecteur Giffard. — Théorie sommaire de son fonctionnement. — Modification de Monsieur Delpech. — Modification de Monsieur Krauss. — Température que l'eau du tender ne doit pas dépasser. — Causes diverses du mauvais fonctionnement d'un Giffard. — Réchauffeurs. — Soupape de sûreté. — Formule donnant le diamètre d'une soupape de sûreté. — Balances. — Calage des soupapes, inconvénients. Soupape de sûreté, système Ramsbotton. — Niveau d'eau. — Moyen de reconnaître si le niveau d'eau fonctionne bien. — Robinets de jauge, leur but. — Manomètres. Considérations diverses. — Sifflet. — Bouchon fusible. — Échappement. — Souffleur. Grilles à flammèches. — Cheminée. — Enveloppe.

Chapitre IV.
Mécanismes.

Coulisse de Stephenson. — Coulisse de Gooch. — Coulisse d'Allan. — Coulisse de Walschaert. — Excentriques. — Colliers et Barre d'excentrique. — Tige de tiroirs. — Cylindres. Dimensions. — Vitesse du piston. — Enveloppes protectrices. — Purgeurs. — Pistons. —

Dimensions. — Segments de piston. — Tige de piston. — Mode d'assemblage de la tige et du piston. — Crosse de piston. — Glissières. — Bielles motrices, leurs formes. Petites têtes et grosses têtes de bielles. — Coussinets. — Bielles faussées, cassées. — Mise de longueur d'une bielle motrice. — Bielles d'accouplement, leur but. — Mise de longueur. — Tiroirs. — Pression qu'ils supportent. — Moyens d'y obvier. — Compensateur. — Tiroirs à dos percé. — Tiroirs à coquille. — Levier de changement de marche, son but.

Chapitre V.

Construction d'une machine locomotive.

Lavage et graissage.

Construction de la chaudière, traçage, tubulure. — Mise en place d'un tube. — Manière de faire un joint. Description sommaire du montage d'une locomotive. — Réglage d'une machine. — Lavage de la machine. — Graissage. — Graisseur à boules. — Graisseur Allemand. — Graisseur Consolin. — Graisseur Rollin. — Fabrication d'un massiau. Fabrication d'une pièce à branches. Fabrication d'un essieu coudé. — Fabrication des roues de locomotive. — Fabrication des bandages. —

Chapitre VI.

Idée générale d'une locomotive.

Définition de la locomotive. — Procédé employé pour fixer la chaudière aux longerons. Chemin suivi par la vapeur pour aller du dôme dans les cylindres. — Position de l'essieu moteur. — Nombre d'essieux d'une locomotive. — Diamètre des roues. — Mouvement de galop. — Mouvement de roulis. — Mouvement de lacet. — Mouvement de tangage. — Contre-poids. — Nombre de cylindres que peut avoir une locomotive. — Chassis. — Ressorts. — Essieux. — Roues. — Bandages. — Plaques de garde. — Boites à graisse. — Composition du métal des coussinets. — Composition du métal des tuyaux. — Garniture métallique. — Système Duterne. — Tender. —

Caisses à combustibles. — Caisses à eaux. — Moyen de relier le tender à la machine. — Machines américaines.

Chapitre VII.

Conduite de la machine en marche.

Fonction du mécanicien et du chauffeur. — Préparation de la machine avant le départ. Mise au feu. — Alimentation pendant la marche. — Préparation de la machine avant la rentrée au dépôt. — Conduite d'un train rapide. — Profil en palier. — Profil en rampe. — Profil accidenté. — Trains omnibus. — Trains de marchandises. — Démarrage. Trains de marchandises directes. — Trains de marchandises venant de franchir une rampe. — Arrêt en pleine rampe. — Rupture d'attelage. — Moyen d'empêcher le patinage. Précaution que le mécanicien doit prendre pour entrer en gare. — Machine isolée.

Chapitre VIII.

Avaries en cours de route.

Division des avaries en trois classes. — Moyen de paralyser le côté d'une machine. —
Avaries qui nécessitent la réserve. — Fusion de l'écrou fusible. — Fuites considérables
re d'un tuyau de prise de vapeur. — Soupapes de sûreté avariées. — Précautions
pour le remorquage d'une machine. — Rupture d'un essieu moteur, non moteur.
i peuvent être réparées sur place. — Rupture d'une bande de tiroirs, d'une
— Avaries aux cylindres, aux purgeurs, aux pistons. — Chauffage
mécanisme. — Avaries aux bielles motrices et d'accouplement. —
res et aux colliers d'excentriques. — Avaries aux glissières. —
de changement de marche. — Rupture d'un ressort, d'un tou-
nécessitant une attention soutenue, mais n'entraînant pas
Rupture d'une entretoise de foyer. — Fuites. — Perte des
Avaries aux balances, au régulateur. — Boîte à fumée.

Chapitre IX.
Les Freins.

Utilité des freins. — Degré de serrage. — Freins ordinaires. — Contre vapeur. — Usage de la contre-vapeur. — Précautions à prendre pendant la marche à contre-vapeur. — Frein Guérin. — Freins Westinghouse modifié, employé à la Compagnie P.L.M. — Moyen d'obtenir l'arrêt avec ce frein. — Principe du frein à vide. — Frein Smith.

Errata :

Page 7 -	Ligne 22 -	Dans la locomotion	lire : Dans la locomotive ...
" 16 -	" 19 -	Au lieu de pour s'enrayer ..	lire : pour s'engager ...
" 17 -	" 9 "	anclanchement	lire : enclanchement
" "	" 21 "	pour une même	lire : pour la même rampe ...
" 19	" 20 "	30 à 65 Kil.	lire : 50 à 65 Kilomètres.
" 20	" 27 "	Nous emprunterons	lire : Nous empruntons ...
" 23	" 21 "	par les pressions	lire : pour les pressions .-

www.ingramcontent.com/pod-product-compliance
Ingram Content Group UK Ltd.
Pitfield, Milton Keynes, MK11 3LW, UK
UKHW021225230726
13926UKWH00003B/1234

9 782013 719605